JN103834

4週間でマスター

2級建設機械施工管理 新制度版

第二次検定 筆記試験

井岡 和雄【編著】

弘文社

まえがき

本書を手にとり勉強を始めようとしている皆さんは，現在，建設機械の運転技術者として第一線で活躍していることでしょう。あるいは，建設機械に興味があり，これからその道に進もうと考えているかもしれません。

建設業界には多くの資格がありますが，その中でも古くからある国家資格として「建設機械施工管理技術検定」があります。この検定試験は，主に熟練度の高い運転技術者を対象とした試験で１級と２級の区分がありますが，まずは**２級を目指して**豊富な知識やスキルを習得してください。

また，**「第一次検定」（筆記）**と**「第二次検定」（筆記と実技）**があり，第一次検定合格者には**「建設機械施工管理技士補」**の称号，第二次検定合格者には**「建設機械施工管理技士」**の称号が与えられます。本書は，**「２級建設機械施工管理技術検定」の第二次検定（筆記）の合格を目標とした問題集**です。

建設機械の運転技術者の多くは，日常の多忙な業務に時間を費やして，筆記試験である第二次検定に向けた**試験の準備期間を確保できずに受験する可能性が高い**です。しかし，**試験の出題傾向・内容をスピーディに習得し，その対策を講じれば，試験に合格することは十分可能です。**

そこで本書は，**「２級建設機械施工管理技士」の第二次検定のみを４週間でマスター（再受験，総まとめであれば１週間でマスター）する**ことを想定し，本試験の問題形式に準じた**全 10 項目，全２章で構成**しています。２～３項目を１週間で習得すれば４週間でマスターでき，１～２項目を１日で目を通せば**１週間で総まとめ学習**が可能です。また，**各項目においては**，合格に向けた最低限必要な要点を整理し，さらに出題される可能性の高い問題を解くことによって**スピーディに学習できる**ように構成しました。**試験直前の超短期決戦用問題集**として活用してください。

なお，仕事などの日々の忙しさ，自分自身の意思の弱さから，勉強を挫折する人が多くいますが，**ひとつ諦めずに最後までやり遂げてください。**強い意志と忍耐力を備えた方が合格に近づきます。本書を十分に活用した皆さんが**２級建設機械施工管理技士に合格**して，建設業界でいっそう活躍することを楽しみにしています。

著者しるす

目　次

本書の使い方

本書は2級建設機械施工管理技術検定の第二次検定（筆記）の出題内容が把握しやすく，短期間で合格できる構成としています。第二次検定の**施工管理法（必須問題）**を 10 項目にまとめ，各項目を**要点の整理と理解**と**試験によく出る問題**の２つのステップで構成しています。第１ステップで**要点を整理して理解する**ことで，第２ステップの**出題頻度の高い問題**の正解を導くことができます。

単に読んで，正解を導くことにとどまらず，この２つのステップを**効率よく活用して理解する**かが合格への近道です。本試験は，広範囲な中から出題されますが，各項目から１～２問程度の出題です。**各項目を如何に効率よく勉強する**かが合格するポイントとなります。（下記マークも参考にしてください。）

1．「デルデル先生」の出るマーク

各問題番号の横には，問題の重要度に応じて**デルデル先生マーク** 出る を１個～３個表示しています。あくまで相対的なものですが，以下のことを参考に効率的な勉強を心掛けてください。

- 出る３個：出題頻度がかなり高く，基本的にも必ず取り組むべき問題。
- 出る２個：ある程度出題頻度高く，得点力アップの問題。
- 出る１個：それほど多くの出題はないが，取り組んでおく方がよい問題。

2．「ポイント先生」，「まとめ先生」のマーク

特にポイントとなる箇所には，解説中に**先生マーク**が登場します。得点力アップや暗記をしておくべき項目ですので，それらに注意して勉強を進めてください。

3．「がんばろう君」のマーク

理解しておくとよい箇所や必ず覚えておくべき箇所には，解説中に**がんばろう君マーク** 理解しよう！ 必ず覚えよう！ が登場します。

合格するためには，がんばって理解してください。

本試験攻略のポイント

筆記問題（施工管理法）の内容と合格ラインを把握しましょう。

第二次検定（筆記）は，４つの選択肢から１つを選ぶマーク方式による択一試験で，問題数は 10 問です。概ね以下の分類で出題されます。

○筆記問題（施工管理法）

本試験区分		本書区分		出題数
施工計画	No.１～No.２	第１章 施工管理法	１－１施工計画	2
工程管理	No.３～No.４		１－１工程管理	2
安全管理	No.５～No.６		１－１安全管理	2
品質管理	No.７～No.８		１－１品質管理	2
環境保全	No.９～No.10	第２章 環境保全・その他	２－１環境保全	2
			計	10

本書は，本試験問題に準じた項目構成にしています。勉強を進める場合は，**各項目から１問が出題される**ことを意識しましょう。

合格ラインは，**問題数 10 問**のうち，正答数が **60%（６問）以上**であることとされています。満点で合格する必要もないので，まずは**半分程度を目標**に対策するとよいでしょう。

本書は，第１種から第６種すべてに対応しています。

２級建設機械施工管理技術検定試験は，第１種から第６種までの種別がありますが，第二次検定の筆記問題は，種別に関係なく共通の問題です。本書は，**施工管理法に関する内容の問題集**ですので，２級の第二次検定だけでなく，**１級建設機械施工管理技術検定試験における「施工管理法」**に関する内容の習得にも活用できます。

勉強を継続するためには，得意な項目からしましょう。

本書は，全 10 項目から構成していますが，必ずしも順番にする必要はありません。**得意な項目**や**点数にしやすい項目**から進めてください。**要点の整理と理解**をじっくり読んで理解し，その後，問題を解くと勉強時間が短縮できます。また，項目ごとに 3 回程度，繰り返すことによって，より理解が深まります。

難しい問題も，易しい問題も 1 点です。本書を手にとった目的は，試験に合格することで，全項目を理解する必要はありません。まずは**半分程度を目標**にスタートしてください。

「適切なもの」と「適切でないもの」の誤答対策

一般的に，択一式問題は「適切でないもの」を選択する問題が多いですが，稀に「適切なもの」を選択する問題があります。この試験では多くはないですが，**「適切なもの」を選択する場合**に誤答が多く，その対策として記しておきます。

まず，各選択肢(1)から(4)の左横に，**「正しいと思われるもの」**には**「○」**を，**「間違っていると思われるもの」**には**「×」**を付け，「どちらか判断のつかないもの」には印をつけません。

そうすることで，**「適切でないもの」**を選択する問題は**「×」**を解答とし，**「適切なもの」**を選択する問題は**「○」**を解答とすることができます。また，印を付けなかったものは，見直すときに活用します。単純なようですが，誤答を防ぐ対策の 1 つとして推奨します。

受検案内

1．２級建設機械施工管理技士・技士補と取得後のメリット

近年，建設工事は大規模化とともに高度化，専門化が進み，その中でも建設機械は地球環境への対策や施工現場の安全性の向上など多くのことが求められています。建設業界には国家資格が多々ありますが，その中でも特に施工技術および建設機械について熟知し，**建設機械の能力を最大限に発揮できる技術者の向上**に重点をおいた資格が**建設機械施工管理技士**です。建設業法に基づき**建設機械施工技術検定**が昭和 35 年から実施され，令和３年度からは**建設機械施工管理技術検定**と名称も変わり，ここ数年，世代交代による技術者不足から**国家資格の資格としては年々必要とされています。**

本試験は，国土交通省より指定を受けた**（一社）日本建設機械施工協会が行う国家資格**です。17 歳以上実務経験なしで受検できる**「第一次検定」**と一定の実務経験を経て受検の**「第二次検定」**から構成されています。**「第一次検定」**は，基礎的知識問題・能力を問うマークシート方式による**択一試験**であり，**「第二次検定」**は実務経験に基づくマークシート方式による**択一試験**と建設機械の**実技試験**です。なお，第一次検定の合格者には「技士補」，第二次検定の合格者には「技士」の称号が付与されます。

建設機械施工管理技士・技士補の資格を取得することは，その人の技術能力が客観的な形で保証されたことになり，社会においても企業においても，有能な技術者と認められます。なお，２級建設機械施工管理技士には，主に次のようなメリットがあります。

- **一般建設業において，「営業所に置く専任の技術者」および「主任技術者」になることができます。**特に，公共工事においては，適正な施工を確保する為，現場に配置しなければならない**主任技術者の専任**が求められています。
- **一般建設業の許可を受ける場合の１つの要件です。**
- **経営事項審査における２級技術者となります。**経営事項審査の技術力項目で，２級技術者として２点の基礎点数が配点されます。

2．受検資格

（1）第一次検定

受験年度の年度末において満 17 歳以上となる方（実務経験は不要）

【参考】この試験に合格した方は，第二次検定の受検資格の要件である実務経験年数を満たした後に，第二次検定を受検することができます。

（2）第二次検定

令和６年度より**第二次検定**の受検資格が変更され，第二次検定は学歴に関わらず第一次検定合格後の実務経験が資格要件となります。

なお，令和６年度から令和 10 年度までは，経過措置期間として，新制度による 新受検資格 のほか，旧受検資格 による受検が可能です。詳細の具体的な認定（受検種別，学歴要件，実務経験要件）について，不明な点など詳しく知りたい場合は，実施機関である（一社）日本建設機械施工協会へお問い合わせ下さい。

新受検資格

●資格要件の区分（Ⅰ）～（Ⅲ）のいずれかを満たす方

区分	資格要件
（Ⅰ）	１級第一次検定合格後，受検種別に関する１年以上の施工の管理の実務経験を有する者
（Ⅱ）	２級第一次検定合格後，受検種別に関する２年以上の施工の管理の実務経験を有する者
（Ⅲ）	２級第一次検定合格者であって、受検種別に関する６年以上の建設機械操作施工（当該施工の補助作業を含む。）の実務経験を有する者（２級第一次検定合格前のものを含む。）

※第一次検定・第二次検定の同一年度の受検申込みは令和６年度より取り止めとなりました。

旧受検資格 （令和 10 年度まで）

●第二次検定の受検資格（区分イ～二の１つに該当する方）

区分	最終学歴	必要とする実務経験年数（最終学歴卒業後に限る）	
		指定学科	指定学科以外
イ	学校教育法による ・大学卒業者 ・専門学校卒業者 （高度専門士）	卒業後，受検しようとする種別に６箇月以上，かつ他の種別を含む通算の実務経験が１年以上	卒業後，受検しようとする種別に９箇月以上，かつ他の種別を含む通算の実務経験が１年６箇月以上
ロ	学校教育法による ・短期大学卒業者 ・高等専門学校卒業者 ・専門学校卒業者 （専門士）	次のいずれかの実務経験 ①卒業後，受検しようとする種別に１年６箇月以上の実務経験 ②卒業後，受検しようとする種別に１年以上，かつ他の種別を含む通算の実務経験が２年以上	次のいずれかの実務経験 ①卒業後，受検しようとする種別に２年以上の実務経験 ②卒業後，受検しようとする種別に１年６箇月以上，かつ他の種別を含む通算の実務経験が３年以上
ハ	学校教育法による ・高等学校卒業者 ・中等教育学校卒業者 ・専門学校卒業者 （高度専門士・専門士を除く）	次のいずれかの実務験 ①卒業後，受検しようとする種別に２年以上の実務経験 ②卒業後，受検しようとする種別に１年６箇月以上，かつ他の種別を含む通算の実務経験が３年以上	次のいずれかの実務経験 ①卒業後，受検しようとする種別に３年以上の実務経験 ②卒業後，受検しようとする種別に２年３箇月以上，かつ他の種別を含む通算の実務経験が４年６箇月以上
二	その他の者 （最終学歴が中学校卒業者）	次のいずれかの実務経験 ①卒業後，受検しようとする種別に６年以上の実務経験 ②卒業後，受検しようとする種別に４年以上，かつ他の種別を含む通算の実務経験が８年以上	

※実務経験年数の基準日については，受検年度第一次検定の前日までで計算してください。

●建設機械の種別一覧

種別	検定科目	内　容
第1種	トラクタ系建設機械	ブルドーザ，トラクタ・ショベル，モータ・スクレーパその他これらに類する建設機械による施工
第2種	ショベル系建設機械	パワ・ショベル，バックホウ，ドラグライン，クラムシェルその他これらに類する建設機械による施工
第3種	モータ・グレーダ	モータ・グレーダによる施工
第4種	締め固め建設機械	ロード・ローラ，タイヤ・ローラ，振動ローラその他これらに類する建設機械による施工
第5種	舗装用建設機械	アスファルト・プラント，アスファルト・デストリビュータ，アスファルト・フィニッシャ，コンクリート・スプレッダ，コンクリート・フィニッシャー，コンクリート表面仕上げ機等による施工
第6種	基礎工事用建設機械	くい打機，くい抜機，大口径掘削機その他これらに類する建設機械による施工

3．申込に必要な書類

① 受検申請書（受検区分に応じたもの）
② 郵便振替払込受付証明書貼付用紙（写真票と1枚綴り）
③ 写真票
④ 本籍地記載の住民票
⑤ 2級建設機械施工管理における実務経験チェックリスト
⑥ 卒業証明書
⑦ 「高度専門士」または「専門士」の称号を証明する書類
⑧ 再受検者資格確認申請書，郵便局の定額小為替

（注）・①～④は，受験申込者全員が提出するものです。
・⑤～⑧は，第二次検定を受検する場合に各該当者が必要となる提出書類です。

4．試験日程及び試験地等

試験は年１回，全国各都市において実施されます。試験日時等の詳細については，試験実施機関までお問い合わせ下さい。

[試験実施機関]

一般社団法人日本建設機械施工協会　試験部（https://jcmanet-shiken.jp/）

〒105－0001

東京都港区芝公園３－５－８

TEL：03-3433-1575 FAX：03-3433-0401

[受付期間]

第二次検定：２月中旬から３月下旬

> **※年により変更する場合がありますので，受付期間については，必ず早めに各自でご確認ください。**

[試験日]　第二次検定（筆記）：６月第３日曜日

第二次検定（実技）：８月下旬から９月中旬までのあらかじめ指定する日（申し込み期間は，筆記と同じ）

[時間割]　入室　９時15分　ガイダンス　９時15分～９時30分

試験開始～終了時刻　９時30分～10時10分

[試験地]

北海道北広島市，岩手県滝沢市，東京都，新潟市，名古屋市，大阪市，広島市，高松市，福岡市，那覇市

なお，受検申込書の取扱先は，申込受付開始の約 2 週間前から，「一般社団法人日本建設機械施工協会　試験部」のほか，下記の取扱先で販売しています。

名　称	住　所	電話番号
一般社団法人 日本建設機械施工協会 試験部	〒105-0011 東京都港区芝公園3－5－8	03－3433－1575
※同　施工技術総合研究所	〒417-0801 静岡県富士市大淵3154	0545－35－0212
同　北海道支部	〒060－0003 札幌市中央区北3条西2－8 さつけんビル5F	011－231－4428
同　東北支部	〒980－0014 仙台市青葉区本町3－4－18 太陽生命仙台本町ビル5F	022－222－3915
同　北陸支部	〒950－0965 新潟市中央区新光町6－1 興和ビル9F	025－280－0128
同　中部支部	〒460－0003 名古屋市中区錦3－7－9 太陽生命名古屋第2ビル7F	052－962－2394
同　関西支部	〒540－0012 大阪市中央区谷町2－7－4 谷町スリースリーズビル8F	06－6941－8845
同　中国支部	〒730－0013 広島市中区八丁堀12－22 築地ビル4F	082－221－6841
同　四国支部	〒760－0066 高松市福岡町3－11－22 建設クリエイトビル4F	087－821－8074
同　九州支部	〒812－0013 福岡市博多区博多駅東2－4－30 いわきビル2F	092－436－3322

名　称	住　所	電話番号
一般社団法人 沖縄しまたて協会	〒901－2122 浦添市字勢理客4－18－1 トヨタマイカーセンター4F	098－879－2097
※同　北部支所	〒905－1152 名護市字伊差川24－1	0980－53－1555

※を除き，郵送販売もしています。

名称，住所等は，変更する場合がありますので，本部のホームページ等で確認してください。

5．合格発表と合格基準点

合格発表は，試験機関である（一社）日本建設機械施工協会から本人あてに合否の通知が発送されます。

また，国土交通省各地方整備局，北海道開発局，内閣府沖縄総合事務局に，当該地区で受検した合格者の受検番号が掲示され，（一社）日本建設機械施工協会では，全地区の合格者番号を閲覧できるほか，**（一社）日本建設機械施工協会ホームページで，合格者の受検番号が公表されます。また試験日の翌日から，試験問題等の公表も行われます（第二次検定（筆記）の正答は，実技試験終了後）。**

［合格発表日］　第二次検定：11月中旬

［合格基準点］

第一次検定及び第二次検定の別に応じて，次の基準以上が合格となりますが，試験の実地状況等を踏まえ，変更する可能性はあります。

・第一次検定：得点が60%以上
・第二次検定：（筆記）得点が60%以上
　　　　　　　（実技）得点が満点の70%以上

なお，合格率は，第一次検定が 40%前後，第二次検定が 80%前後で，最終合格率は 30%前後です。

※受検案内の内容は変更することがありますので，必ず早めに各自でご確認ください。

第1章

施工管理法

1－1　施工計画
1－2　工程管理
1－3　安全管理
1－4　品質管理

1 施工計画の基本

要点の整理と理解

1． 施工計画の基本事項

工事の目的物である築造物を施工するに当たっては，着工から完成までの工事の進行方法を検討し，それを考慮した施工計画を作成する必要があります。施工計画の基本事項は，設計図書に示された**品質の確保**を，所定の**工事期間内**に，**安全を確保**しながら，できるだけ**経済的に**，かつ**環境に配慮**して完成することです。

施工計画には，品質管理，工程管理，安全管理，原価管理，環境保全が相互に関連しています。

2． 施工計画の立案

設計図書には，主に完成時の築造物の形状，寸法，品質などが規定されていますが，施工方法についてはほとんど示されておらず，施工者が責任をもって施工する場合が多いです。したがって，施工者は自らの技術と経験を活かした方法や手段で工事の実施を検討し，立案します。

施工計画立案時における主な検討項目	
① 契約条件の検討	⑥ 仮設備計画
② 現場条件の検討	⑦ 外注計画，労務計画
③ 全体工程の検討	⑧ 資材計画，機械計画，輸送計画
④ 施工方法と施工手順の検討	⑨ 管理組織計画
⑤ 施工用機械設備の選定	⑩ 実行予算と原価管理

3. 施工計画の立案・作成における留意事項

建設工事は，施工計画の適否に大きく影響されます。施工計画はすべての条件やあらゆる事態に適切に対応できるように，下記に示す留意事項を綿密に検討します。

理解しよう！

施工計画の立案・作成における主な留意事項
① 発注者の要求品質を確保するとともに，安全を最優先した計画とする。
② 工事内容の把握のため，契約書，設計図面及び仕様書の内容を検討し，工事数量の確認を行う。
③ 過去の実績や経験のみで満足せず，施工計画の決定には常に改良を試み，新しい工法・技術を採用する心構えが必要である。
④ 過去の実績や経験を生かすとともに，理論と新工法を考慮して，現場の施工に合致した判断が大切である。
⑤ 施工計画の検討は，現場主任者だけでなく，全社的な高度の技術水準で行う。
⑥ 契約工期が施工者にとって，必ずしも最適工期であるとは限らない。契約工期の範囲内で，さらに経済的な工期を探すことも重要である。
⑦ １つの計画だけでなく複数の代案を作り，経済性も考慮して長所・短所を種々比較検討し，最も適した計画を採用する。
⑧ 建設機械の使用計画を立案する場合には，作業をできるだけ平準化し，施工期間中の使用機械の所要台数が大きく変動しないようにする。
⑨ 組合せ機械の検討においては，主作業の機械能力を最大限に発揮させるために，主作業の機械能力を従作業の機械能力より低めとする。
⑩ 設計図書と現地条件に相違があった場合は，発注者と打合せ，重要項目は文書で確認してから発注者に提出する。

4. 現場条件の検討・事前調査

施工計画の立案にあたっては，**現場調査を実施**し，現場条件に最も適切で，最も経済的な計画を立てることが大切です。

事前調査は，**複数の人員で複数回調査する**ことにより，個人的要因や偶発的要因による錯誤や調査漏れを防ぎ，正確な調査ができます。

施工計画の立案に必要となる現場調査の主な調査項目
① 地形，地質，土質，地下水の調査（設計図書との照合を含む）。
② 工事を行う地域の水文気象の調査。
③ 施工方法，仮設の規模，施工機械の選択。
④ 動力源，工事用水の状況および確保。
⑤ 材料の供給源と価格および運搬経路の確認。
⑥ 労務の供給，労務環境，賃金。
⑦ 工事によって支障を生ずる問題点。
⑧ 附帯工事，別途工事，隣接工事などの調査。
⑨ 騒音，振動等に関する環境保全基準。
⑩ 発生土砂，産業廃棄物の処分・処理条件。
⑪ 文化財，地下埋設物の有無。
⑫ その他（自然条件，近隣環境，法規，慣習など）

5．施工計画の日程計画

日程計画は，各種工事に要する**実稼働日数（所要作業日数）**を算出し，この日数が**作業可能日数**より少ないか等しくなるように計画します。作業可能日数は次式で求められ，日程計画の基本となるものです。

$$\text{作業可能日数} \geqq \text{実稼働日数（所要作業日数）} = \frac{\text{工事量}}{\text{1日平均施工量}}$$

また，日程計画は，次式で算定される**1日平均施工量**に基づき作成されます。その際の作業可能日数は，暦による日数から，定休日，天候その他の作業不能日数を差し引いて算出します。

$$\text{1日平均施工量} = \frac{\text{工事量}}{\text{作業可能日数}}$$

建設機械の1時間当たりの施工量を**施工速度**といい，次式のように，1時間当たりの標準作業量に作業効率を乗じて求めます。

建設機械の施工速度＝（1時間当たりの標準作業量）×（作業効率）

なお，施工計画の基礎となる主な施工速度として，次のような種類があります。

施工計画の基礎となる主な施工速度

施工速度	概　要
最大施工速度	・通常の好条件のもとで，建設機械で施工できる1時間当たりの最大施工量。 ・時間測定または計算によって算定することが可能で，施工機械の製造者から示される公称能力。
正常施工速度	・建設機械の最大施工速度を機械の維持管理等に要する正常損失時間によって修正したもの。
平均施工速度	・天候や機械維持管理等に要する損失時間を除いた平均作業時間における施工速度で，工程計画の基準となる施工速度。ただし，作業の所要日数を算出する場合は，損失時間等を考慮した平均施工速度に基づき算出する。

まずは，「3．施工計画の立案・作成における留意事項」を中心に勉強しましょう。

試験によく出る問題

土工工事における工期の設定及び施工計画の立案における留意事項に関する次の記述のうち，**適切でないもの**はどれか。

(1)　工期内を通じて労働力はほぼ一定で，相当期間継続して作業できるようにする。

(2)　建設機械は，一定の台数で連続して同種の作業ができるように，工事規模に応じて計画する。

(3)　機械の運用に関しては時間当たりの作業能率を高め，機械の遊休期間を極力少なくし，稼働率を高めるように配慮する。

(4)　工事期間は，天候の影響などの余裕期間は見込まない各作業工程を積み上げた日数で計画する。

解説

⑴　工期内を通じて労働力は，1日当たりの最大必要人数をできる限り減らし，かつ**人員の変動が小さくなる**ように計画します。

⑵　**一定の台数**で連続して**同種の作業**ができるように，工事規模に応じて建設機械を計画します。

⑶　機械の**遊休期間を極力少なくする**ことで機械の稼働率が高まり，時間当たりの**作業能率の向上**に繋がります。

⑷　雨が降ると工事現場がぬかるみ，作業や走行に支障をきたして作業効率が低下します。工事期間は，天候の影響などの**余裕期間を見込んだ**各作業工程を積み上げた日数で計画します。

工事期間中にトラブルが発生しても対応できるように，日程には余裕が必要です。

解答　⑷

問題2

施工計画立案時の留意事項として，次のうち**適切でないもの**はどれか。

⑴　契約図書に記載されていない現地の立地・制約条件についても事前調査を行い，施工計画を立案する。

⑵　主要工種の施工方法を複数選定し，施工手順，組合せ機械等について検討を行い，最適な工法を決定する。

⑶　組合せ機械の検討においては，主作業の機械能力を最大限に発揮させるために，従作業の機械能力を主作業の機械能力より低めとする。

⑷　建設機械の使用計画を立案する場合には，作業をできるだけ平準化し，施工期間中の使用機械の所要台数が大きく変動しないようにする。

解説

3．施工計画の立案・作成における留意事項（P19）を参照してください。

⑴　現場の自然条件や立地条件などを事前調査として，実態を把握することが施工計画の立案時には不可欠です。**契約図書に記載されていない**現地の立

地・制約条件についても事前調査を行います。

(2) **1つの施工方法だけでなく**，主要工種の施工方法を**複数選定**し，施工手順や組合せ機械等について検討を行って**最適な工法を決定**します。

最適な選択は，複数の中から選択しましょう。

(3) **建設機械を組み合わせる場合**の作業能力は，組み合わせる機械のうち能力が**最小のものに左右**されます。

主作業の機械能力を最大限に発揮させるためには，主作業の機械能力が，従作業の機械能力と同等か若干**低め**にします。

例えば，ショベル系掘削機と組み合わせるダンプトラックの場合，積込み機（ショベル系掘削機）の能力を運搬機械（ダンプトラック）の能力より低くする方が有効です。

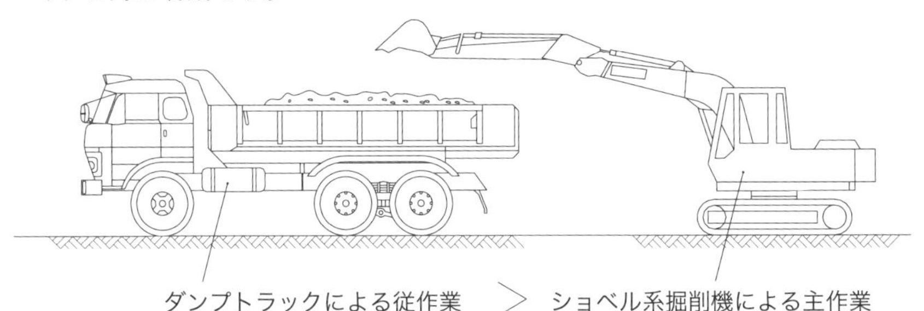

[建設機械を組み合わせる場合の作業能力]

野球のノック練習では，ノックする方がキャッチする方より低めの力でないと，練習にならない。

(4) 建設機械の使用計画は，使用する期間を通してできるだけ**作業量を平準化**し，機械の稼働が**大きく変動しない**ようにします。

解答 (3)

問題3

工事の施工計画立案に際しての留意事項に関する次の記述のうち，**適切でないもの**はどれか。

⑴　施工計画を決定するときは，一つの計画のみでなく，複数の代案を作り，経済性も考慮して比較検討し，最も適した計画を採用する。

⑵　契約工期は，施工者にとっても最適工期であるので，これに合わせた工程が最も経済的である。

⑶　施工計画の決定には，これまでの経験も貴重であるが，新しい工法，新しい技術の採用に対する心構えが重要である。

⑷　過去の実績や経験を生かすとともに，理論と新工法を考慮して，現場の施工に合致した判断が大切である。

解 説

３．施工計画の立案・作成における留意事項（P19）を参照してください。

⑴　１つの計画だけでなく，**いくつかの代案を作成**して，経済性，施工性，安全性等の長所・短所を**比較検討して最適な計画を立案**します。

⑵　**契約工期**が施工者にとって必ずしも**最適な工期とは限らず**，契約工期の範囲内で，さらに**経済的な工程を探す**必要があります。その際には，手持資材，労務，適用可能な機械類などを考慮します。

契約工期が最適な工期でないので，
さらに経済的な工程を探そう。

⑶　過去の実績や経験のみで満足せず，施工計画の決定には常に改良を試み，**新しい工法・技術を採用する心構え**が必要です。

⑷　**過去の実績や経験を生かし**，理論と新工法を考慮して，現場の施工に合致した**大局的な判断**が必要です。

解答 (2)

問題4

施工計画立案にあたって留意すべき事項として，次のうち**適切でないもの**はどれか。

(1) 施工計画の作成にあたっては，過去の技術だけにとらわれず，新工法，新技術を取り入れ，工夫・改善する。

(2) 現場条件調査の精度を高めるためには，複数の人員で調査回数を重ね，個人的要因や偶発的要因による錯誤や調査漏れを防ぐ必要がある。

(3) 工事内容の理解のため，契約書，設計図書及び仕様書の内容を検討し，工事数量の確認を行う。

(4) 施工計画の作成にあたっては，社内組織の活用を避け，実作業を担当する下請け企業と現場担当者だけで計画書を作成する。

解説

3．施工計画の立案・作成における留意事項（P19）を参照してください。

(1) 問題3 の 解説 (3)，(4)を参照してください。

(2) 現場条件調査の精度を高めるためには，**複数の人員で調査回数を重ねる**ことで，人的な視点の片寄りや見落としをなくす必要があります。

(3) 契約書，設計図書及び仕様書の内容などの**契約関係書類を検討**し，工事数量の確認を行うことで，工事内容を理解します。

(4) 施工計画の作成にあたっては，実作業を担当する下請け企業と現場担当者だけでなく，社内組織を活用した**全社的な高度の技術水準**で計画書を作成します。また，必要に応じて研究機関に相談し技術的な指導を受けます。

解答 (4)

問題5 出る 出る 出る

建設機械施工における施工計画に関する次の記述のうち，**適切でないもの**はどれか。

(1) 建設機械の調達計画では，燃料補給や整備・修理等のサービス体制も確認しておく。

(2) 作業能力の平均施工速度には，施工の段取り待ち，機械の故障および悪天候などによる損失時間が含まれる。

(3) 建設機械を組み合わせる場合の作業能力は，組み合わせる機械のうち能力が最大のもので決定する。

(4) 現場内の建設機械の点検整備計画を立て，建設機械の稼働率を高めることで経済的な施工を行うようにする。

解 説

(1) 建設機械の使用に要する費用（機械経費）として，機械損料，**運転経費**，組立解体費，輸送費，**修理施設費**があります。したがって，建設機械の調達計画では，**燃料補給**や**整備・修理等**のサービス体制を確認しておく必要があります。

(2) **5．施工計画の日程計画**（P20）を参照してください。

平均施工速度は，損失時間を除いた平均作業時間における施工速度ですが，**作業の所要日数を算出**する場合など，**作業能力の平均施工速度**には，施工の段取り待ち，機械の故障および悪天候などによる**損失時間が含まれます**。

(3) **問題2** の 解 説 (3)を参照してください。

建設機械を組み合わせる場合の作業能力は，組み合わせる機械のうち能力が**最小のもの**で決定します。

(4) 経済的な施工を行うためには，事前に現場内の建設機械の点検整備計画を立てて，**建設機械の稼働率を高める**とよいです。

解答 (3)

問題6

施工計画の作成における事前調査に関する次の記述のうち，**適切でないもの**はどれか。

⑴　現場条件の調査の前に，設計図書の内容を精査し，十分把握しておく。

⑵　自然条件や近隣環境のほか，動力源や用水の状況および労務や資機材の調達先などの現場条件を調査する。

⑶　工事発注時の現場説明にて事前説明が行われた場合は，現地での事前調査を省略し，事前説明に基づき計画する。

⑷　現場条件の調査は，調査項目が多くなるため，調査漏れがないようにチェックリストを作成して行うとよい。

解説

4．現場条件の検討・事前調査（P19）を参照してください。

⑴　現場条件の調査の前に，まず契約関係書類を検討し，**設計図書の内容を理解**します。その際に疑問点があれば発注者と打合せを行い，重要な項目については**文書で交換**します。

よくある「言った，言わなかった」となるので，必ず文書で交換しましょう。

⑵　現場条件の主な調査項目として，**自然条件や近隣環境**のほか，**動力源や用水の状況**および**労務や資機材の調達先**などが挙げられます。

⑶　工事発注時の現場説明にて事前説明が行われた場合でも，事前説明と相違がないことを確認する上でも，必ず**現地での事前調査を実施**してから計画を進めます。

⑷　調査項目が多い場合は，人的な錯誤や調査漏れの防止対策として，**チェックリストの作成**が効果的です。

解答　⑶

問題7 出る 出る

施工計画の日程計画に関する次の①～③の記述においてA～Dに当てはまる語句の組合せとして次のうち，**適切なもの**はどれか。

① 日程計画では，各種工事に要する実稼働日数（所要作業日数）を算出し，この日数が（A）より少ないか等しくなるようにする必要がある。

② 建設機械の作業1時間当たりの（B）を施工速度といい，1時間当たりの標準作業量に（C）を乗じて求めることができる。

③ 施工速度には，最大施工速度，正常施工速度，平均施工速度があり，このうち（D）は，施工機械の製造者から示される公称能力である。

	(A)	(B)	(C)	(D)
(1)	作業可能日数	運転時間	作業効率	最大施工速度
(2)	契約工期	施工量	損失時間	正常施工速度
(3)	作業可能日数	施工量	作業効率	最大施工速度
(4)	契約工期	運転時間	損失時間	正常施工速度

解 説

5．施工計画の日程計画（P20）を参照してください。

① 日程計画では，各種工事に要する実稼働日数（所要作業日数）を算出し，この日数が **作業可能日数** より少ないか，または等しくなるように計画します。

② 建設機械の作業1時間当たりの **施工量** を施工速度といい，1時間当たりの標準作業量に **作業効率** を乗じて求めることができます。

③ 施工速度には，最大施工速度，正常施工速度，平均施工速度があり，このうち **最大施工速度** は，施工機械の製造者から示される公称能力です。

解答 (3)

問題8 出る 出る 出る

建設機械の施工計画に関する次の記述のうち，**適切でないもの**はどれか。

(1) 建設機械を組み合わせて施工する場合は，主作業を行う機械の作業能力が，従作業を行う機械の作業能力より高くなるようにする。

(2) 建設機械の使用計画は，使用する期間を通してできるだけ作業量を平準化し，機械の稼働が大きく変動しないようにする。

⑶　作業の所要日数は，建設機械の維持管理に要する時間のほか，天候による損失時間等も考慮した平均施工速度に基づき算出する。

⑷　建設機械の最大施工速度は，好条件下において期待できる1時間当たりの最大能力で，建設機械メーカから示される公称能力がこれに相当する。

解説

⑴　**問題2** の 解 説 ⑶を参照してください。

建設機械を組み合わせて施工する場合，**主作業を行う機械の作業能力**が，従作業を行う機械の作業能力より**低くなる**ようにします。

建設機械の組合せで，**「主作業＜従作業」**の関係は良く出題されます。

⑵　**問題2** の 解 説 ⑷を参照してください。

⑶　**問題5** の 解 説 ⑵を参照してください。

⑷　**5．施工計画の日程計画**（P20）を参照してください。

建設機械の**最大施工速度**は，通常の好条件のもとで，建設機械で施工できる1時間当たりの最大施工量をいいます。時間測定または計算によって算定することが可能で，**施工機械の製造者から示される公称能力**が，これに相当します。

解答　⑴

問題9

建設機械の施工計画に関する次の記述のうち，**適切でないもの**はどれか。

⑴　組み合わせて使用する従建設機械の作業能力は，主建設機械の作業能力より低めの機械とする。

⑵　建設機械の使用計画を立てる場合は，作業量を平準化し，機械の稼働が大きく変動しないように計画する。

⑶　建設機械の作業能力は，機械の故障や施工の段取り，機械の整備，燃料補給などの損失時間を考慮した平均施工速度に基づく作業量で算出する。

⑷　建設機械の組合せ作業能力は，組み合わせた各建設機械の中で最小の作業能力の建設機械で決定する。

解 説

⑴　**問題2** の 解 説 ⑶を参照してください。

組み合わせて使用する**従建設機械の作業能力**は，主建設機械の作業能力より同等かやや**高め**の機械とします。

⑵　**問題2** の 解 説 ⑷を参照してください。

⑶　**問題5** の 解 説 ⑵を参照してください。

⑷　**問題2** の 解 説 ⑶を参照してください。

建設機械の組合せ作業能力は，組み合わせた各建設機械の中で**最小の作業能力の建設機械**に左右されます。

解答　⑴

問題10　出る 出る 出る

施工計画の作成に関する次の記述のうち，**適切でないもの**はどれか。

⑴　施工計画は，実際の工事が計画通りに進行しているか対比・検討し，必要に応じて是正処置をとれるようにする必要がある。

⑵　施工計画の作成にあたっては，事前調査の結果から工事の制約条件や課題を明らかにし，それらを基に工事の基本方針を策定する。

⑶　施工計画の作成にあたっては，施工経験のない新工法や新技術の採用は控え，施工経験のある工法や技術に基づき，現場に最も合致した計画を検討する。

⑷　施工計画を決定する場合は，一つの計画のみではなくいくつかの代案を作成し，経済性，施工性，安全性等の長所・短所を比較検討したうえで，最も適した計画を採用する。

解 説

3．施工計画の立案・作成における留意事項（P19）を参照してください。

⑴　施工計画は，実際の工事が計画通りに進行しているか対比・検討し，必要に応じて，**是正措置がとれる体制**を考えておく必要があります。

⑵　施工計画の作成にあたっては，**事前調査の結果**から工事の制約条件や課題を明らかにし，それらに基づいて基本方針を組み立てます。

(3) **問題3** の 解 説 (4)を参照してください。

施工計画の作成にあたっては，**過去の実績や経験を活かし，**施工経験のない**新工法や新技術も考慮**して，現場に最も合致した計画を検討します。

(4) **問題3** の 解 説 (1)を参照してください。

解答 (3)

問題11

施工計画の作成に関する次の記述のうち，**適切でないもの**はどれか。

(1) 施工計画書の作成では，工事内容の把握のため，契約書，設計図面及び仕様書の内容を検討し，工事数量の確認を行う。

(2) 施工計画書の作成では，設計図書と現地条件に相違があっても設計図書に基づき作成し，発注者に提出する。

(3) 仮設計画の立案のため，道路状況，現場侵入路，給水施設などの調査を行う。

(4) 施工計画書の作成は，使用機械の選定を含む施工順序と施工方法の検討が必要である。

解 説

3．施工計画の立案・作成における留意事項（P19）を参照してください。

(1) **問題4** の 解 説 (3)を参照してください。

(2) **設計図書と現地条件に相違があった場合**は，**発注者と打合せ，**重要項目は**文書で確認**してから発注者に提出します。

(3) 仮設計画の立案にあたっては，**道路状況，現場侵入路，給水施設**などの現場の周辺状況を把握します。

(4) 施工計画書を作成する場合，経済的な工期を探すためにも，使用機械の選定を含む**施工順序と施工方法の検討**は必要です。

解答 (2)

2 仮設備，資機材の調達，工程・原価・品質の関係性

要点の整理と理解

1．仮設備の計画

仮設備とは，工事目的物の構築に必要な設備のうち，**工事完成後に撤去されるもの**をいいます。計画する上で考慮すべき内容は次のとおりです。なお，仮設備には，その設備，施工法，配置などが契約で規定されている**指定仮設**と，指定されていない**任意仮設**があります。

理解しよう！

仮設備を計画する上で考慮すべき主な内容
① 設備規模に過不足が生じないようにする。
② 仮設備の材料は，経済性を考慮して，できる限り繰り返し使用が可能なものとする。また，できるだけ規格を統一して，一般の市販品を使用するようにする。
③ 安全率は本工事と同様でなくても良いが，構造計算を行って安全性を確認する。
④ 移設や撤去が容易な構造とする。また，本体工事の工法や施工条件等の変更にできるだけ追随可能な柔軟性のある計画とする。
⑤ 工事に伴う公害防止対策を十分に考慮する。

仮設備には，本工事の施工に直接必要な**直接仮設**と，それ以外の仮設建物関係の**共通仮設（間接仮設）**があり，次のように区分されます。

① 直接仮設	
運搬設備	工事用道路，橋梁，コンベヤなど。
荷役設備	クレーン，ウインチ，ホッパー（セメント，砂利，土などを一時貯蔵する漏斗状の装置）など。
プラント設備	砕石プラント，バッチャープラント（コンクリートを製造する大型な施設）など。

給排水設備	取水，給水，排水施設など。
給気，換気設備	コンプレッサなど。
電力設備	受電，変電施設，照明，通信施設など。
材料置場，安全設備	足場，ネット，防護棚など。
機械の据付け・撤去，公害防止設備	防音柵，濁水処理施設など。
その他	土留め工，仮締切り工（水を一時的に遮断する仮設構造物）など。
② 共通仮設（間接仮設）	
仮設建物	現場事務所，現場宿舎，倉庫，車庫，火薬庫など。
その他	モータープール，修理工場，鉄筋等の加工場，厚生施設など。

2．建設資材，建設機械の調達計画

建設資材と建設機械の調達およびこれらの輸送に必要な費用は，**工事費の40～70%**にもおよびます。工事費に占める割合が大きく，資機材調達計画が工事原価の**経済性の良否**を左右します。

調達計画	概　要
資材の調達	・仮設資材は，転用方法や撤去方法なども検討しておく。 ・資材不足による待ち時間や保管費用の発生を最小限にする。 ・各工種に使用する資材を種類別，月別にまとめる。 ・使用する資材の納期や調達先，価格などを把握しておく。
機械の調達	・機械台数が平準化するように機械予定表を作成する。 ・手待ち時間や無駄な保管費用などの発生を最小限にする。 ・機械の種類・性能や調達方法のほか，燃料の補給や点検，整備などの体制を確認しておく。

3. 工程・原価・品質の関係性

建設工事の施工計画において，工程，原価，品質には一般的な関係性があります。工程と原価，工程と品質は**相反する性質**があり，品質と原価には**相乗する性質**があります。これらの性質を調整し，決められた**品質**で**工程**を確保し，可能な限り**経済的に**工事を施工することが求められています。

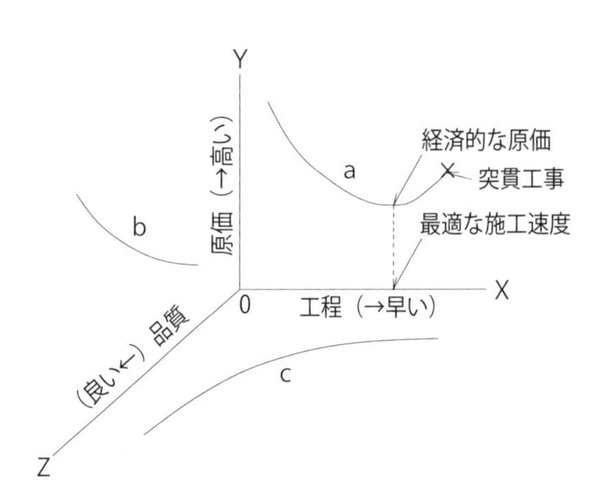

[工程・原価・品質の関連図]

工程・原価・品質の関連性		
a	工程と原価	・工程が遅くなれば原価は高くなり，工程が早くなれば原価は安くなります。（相反する性質） ・工程を極端に早めた突貫工事を行えば原価は高くなる。 ・最も経済的な原価は，最適な施工速度による工程で施工したときである。
b	品質と原価	・品質を高くすると原価も高くなり，品質を低くすると原価も安くなる。（相乗する性質）
c	工程と品質	・工程を遅くすれば品質が高まり，工程を早くすれば品質が低くなる。（相反する性質）

試験によく出る問題

問題12

仮設備の計画に関する次の記述のうち，**適切でないもの**はどれか。

⑴ 目的物を施工するための臨時的な構造物で，工事完成後は原則として取り除かれる。

⑵ 使用期間に関係なく，工事目的物と同じ安全率で設計する。

⑶ 現場事務所，倉庫，モータープール等の設置・撤去工事は，共通仮設工事に区分される。

⑷ 指定仮設の場合は，指定の数量等に変更が生じたときは設計変更の協議対象となる。

解説

1．**仮設備の計画**（P32）を参照してください。

⑴ 工事目的物を施工するために必要な**仮設備**は，**工事完成後に原則として取り除く**ものです。

⑵ 仮設備であっても安全には十分配慮する必要があるため，構造計算を行い，**工事目的物（本工事）と同一の安全率でなくてもよい**が安全性を確認する必要があります。

仮設備は，仮の設備であるが，手抜き工事しない。時には，大事故に繋がることがあります。

⑶ 仮設備のうち，一般に本工事の施工に直接必要なものを**直接仮設**といい，それ以外の仮設建物関係を**共通仮設（間接仮設）**といいます。

現場事務所，倉庫，モータープール等の設置・撤去工事は**共通仮設工事**に区分されます。

⑷ 数量，施工法，配置などが契約で規定されいる**指定仮設**の場合は，その数量等に変更が生じたときは**設計変更の協議対象**となります。

解答 ⑵

問題13 出る 出る 出る

仮設備の施工計画の作成に関する次の記述のうち，**適切でないもの**はどれか。

⑴　設置期間が短い仮設備であっても，必ず本構造物と同じ安全率を用いて設計する必要がある。

⑵　仮設備の計画は，発注者から図面等で指定されない場合は，工事規模等に対して過大または過小とならないように合理的に検討する。

⑶　仮設備の材料は，できるだけ規格を統一して，一般の市販品を使用するようにする。

⑷　指定仮設とは，発注者が設計仕様，設計図面，数量，施工法，配置などを指定するものである。

解説

1．仮設備の計画（P32）を参照してください。

⑴　問題12 の 解説 ⑵を参照してください。

設置期間が短い仮設備の場合には，安全率を**多少減じて設計**することもあり，**本工事と同様でなくても良い**ですが，構造計算を行って安全性を確認する必要があります。

⑵　発注者から図面等で指定されない**任意仮設**は，設計変更などの**協議対象にならない**ですが，工事規模等に対して，過大または過小とならないように**合理的な検討**を行います。

⑶　仮設備の材料は，**納期や経済性等を考慮**して，できるだけ一般の**市販品を使用**し，可能な限り規格を統一します。また，できる限り**繰り返し使用が可能**なものとします。

仮設備を繰り返し使うためには，
点検・整備の心掛けが大切です。

⑷　問題12 の 解説 ⑷を参照してください。

解答　⑴

問題14

仮設備の施工計画の作成に関する次の記述のうち，**適切でないもの**はどれか。

⑴　仮設備は，使用目的や期間に応じて構造計算を行い，労働安全衛生規則の基準に合致するかそれ以上の計画としなければならない。

⑵　仮設備構造物は，使用期間が短い場合には，安全率を多少減じて設計することもある。

⑶　仮設備の計画は，本体工事の工法や施工条件等の変更にできるだけ追随可能な柔軟性のある計画とする。

⑷　指定仮設は，発注者の承諾を受けなくても施工者の都合により構造変更することができる。

解説

1．**仮設備の計画**（P32）を参照してください。

⑴　仮設備は，使用目的や期間に応じて**構造計算を行う**とともに，**労働安全衛生規則の基準**に合致するかそれ以上の計画とします。

⑵　**問題13** の 解説 ⑴を参照してください。

⑶　本体工事の工法や施工条件等の変更にできるだけ**追随可能な柔軟性のある仮設備計画**とし，移設や撤去が容易な構造とします。

柔軟性のある計画が様々な条件等に対応しやすいですよ。

⑷　**問題12** の 解説 ⑷を参照してください。

指定仮設は，**発注者の承諾を受けなければ**，施工者は構造変更することができないです。

解答　⑷

問題15 出る 出る 出る

施工管理における仮設備計画に関する次の記述のうち，**適切でないもの**はどれか。

⑴　仮設備の計画は，発注者から図面等で指定されない場合は，工事規模等に対して過大または過少とならないように合理的に検討する。

⑵　仮設備の計画は，本体工事の工法や施工条件等の変更に追従できるように，できるだけ柔軟性のある計画とする。

⑶　仮設備の工事のうち，現場事務所，倉庫，モータープール等の工事は，直接仮設工事に区分される。

⑷　仮設備の材料は，納期や経済性等を考慮して，できるだけ一般の市販品を使用し，可能な限り規格を統一する。

解 説

1．仮設備の計画（P32）を参照してください。

⑴　**問題13** の 解 説 ⑵を参照してください。

⑵　**問題14** の 解 説 ⑶を参照してください。

⑶　**問題12** の 解 説 ⑶を参照してください。

現場事務所，倉庫，モータープール等の工事は，**間接（共通）仮設工事**に区分されます。

⑷　**問題13** の 解 説 ⑶を参照してください。

解答　⑶

問題16 出る 出る 出る

工事の仮設備に関する次の記述のうち，**適切でないもの**はどれか。

⑴　仮設備には，その数量，施工法，配置などが契約で規定されている指定仮設と，規定されていない任意仮設がある。

⑵　仮設備は，工事完成後は原則として取り除くものである。

⑶　仮設備であっても，安全には十分配慮する必要があるため，構造計算を行い，本工事と同一の安全率を確保する必要がある。

⑷　仮設備のうち，一般に本工事施工のため直接必要なものを直接仮設といい，仮設建物関係を間接仮設という。

解 説

1．仮設備の計画（P32）を参照してください。

(1) 仮設備には，その数量，施工法，配置などが契約で規定されている**指定仮設**と，契約で規定されていない**任意仮設**があります。

仮設備の内容で，**「指定仮設と任意仮設」**，**「直接仮設と間接（共通）仮設」**の違いは，必ず理解しましょう。

(2) **問題12** の 解 説 (1)を参照してください。

(3) **問題12** の 解 説 (2)を参照してください。

仮設備であっても安全には十分配慮する必要があります。したがって**本工事と同一でなくてもよいが**，構造計算を行って**十分な安全率を確保**する必要があります。

(4) **問題12** の 解 説 (3)を参照してください。

解答 (3)

問題17

施工計画における資機材調達計画に関する次の記述のうち，**適切でないもの**はどれか。

(1) 資機材の調達費は工事費に占める割合が大きく，資機材調達計画が工事原価の経済性の良否を左右する。

(2) 機械の調達計画では，作業ピークに対応できる台数を，施工期間を通して常に確保しておく。

(3) 仮設材の調達計画では，転用方法や撤去方法なども検討しておく。

(4) 資材の調達計画では，資材の不足による手待ち時間の発生を最小限とする。

解 説

2．建設資材，建設機械の調達計画（P35）を参照してください。

(1) 資機材の調達費は，工事費の **40～70%程度**と工事費に占める割合が大きく，その調達計画が**工事原価の経済性の良否を左右**します。

⑵ **作業ピークに対応できる台数を確保するのではなく**，なるべく**機械台数を平準化**することで，手待ち時間や無駄な保管費用などの発生を最小限にします。

施工管理の基本は，「平準化」です。

⑶ 仮設資材の調達計画では，作業の効率化が図れるように，**転用方法や撤去方法**なども検討しておきます。

⑷ 資機材の調達計画では，資機材の不足による**手待ち時間の発生**や**保管費用の発生**などを**最小限**にします。

解答 ⑵

問題18 出る 出る

調達計画に関する次の記述のうち，**適切でないもの**はどれか。

⑴ 資材計画の立案では，用途，規格仕様，必要数量，納期，調達先と調達価格，支払条件等を明確に把握する。

⑵ 労務計画では，大幅な人数の増減を前提として，１日当たり必要人数とその時期・期間をもとに施工計画を作成する。

⑶ 下請発注計画では，下請の技術経験，経営能力，資力，技術力，経営者の人格，信用等を十分に調査して検討する。

⑷ 機械計画の立案では，機械の種類・性能，調達方法のほか，機械が効率よく稼働できるよう整備・修理等のサービス体制も確認しておく。

解 説

⑴ 資材計画の立案では，資材の調達計画として各工種に使用する資材を種類別，月別にまとめ，**納期，調達先，価格等を明確に把握**しておきます。

⑵ 労務計画は，工程表から労務予定表を作成し，職種別に，いつ頃にどれだけの人数が必要であるかを計画します。

職務別の労務調達計画を作成する際には,， **１日当たりの最大必要人数をできる限り減らし，かつ人数の変動が少なくなるように**検討します。

(3)　下請の発注計画では，下請の技術経験，経営能力などの**十分な調査**が必要です。

(4)　**2．建設資材，建設機械の調達計画**（P33）を参照してください。
機械計画の立案では，その調達計画として，**機械の種類・性能**や**調達方法**のほか，**燃料の補給**や**点検**，**整備**などの体制も確認しておきます。

解答　(2)

問題19 

施工計画における資機材調達計画に関する次の記述のうち，**適切でないもの**はどれか。

(1)　機械の調達計画では，機械の種類・性能や調達方法のほか，燃料補給や点検整備等の体制も確認しておく。

(2)　機械の調達計画では，機械が効率よく稼働できるように，短期間に生じる作業ピークに対応できる台数を，施工計画全体を通して常に確保しておく。

(3)　資材の調達計画では，各工種に使用する資材を種類別，月別にまとめ，納期，調達先，価格等を把握しておく。

(4)　資材の調達計画では，材料や仮設材の不足による待ち時間や保管費用の発生を最小限とするように計画する。

解 説

2．建設資材，建設機械の調達計画（P33）を参照してください。

(1)　機械の調達計画においては，機械の**種類・性能や調達方法**のほか，**燃料補給や点検整備等の体制**も確保しておきます。

(2)　**問題17** の 解 説 (2)を参照してください。
機械の調達計画では，機械が効率よく稼働できるように，なるべく**機械台数を平準化**できるように機械の予定表を作成し，**手待ち時間や無駄な保管費用のなどの発生を最小限**にします。

(3)　**問題18** の 解 説 (1)を参照してください。

(4)　**問題17** の 解 説 (4)を参照してください。

解答　(2)

問題20 出る 出る

施工計画の作成に関する次の記述のうち，**適切でないもの**はどれか。

(1) 施工計画は，全体工期や全体工費への影響の小さい工種を優先して検討する。

(2) 発注者が示す工期が最適な工期とは限らないため，示された工期の範囲でさらに経済的な工程を検討することも重要である。

(3) 労務の調達計画では，職種別の労務予定表を作成し，1日当たりの必要人数の変動が小さくなるように検討する。

(4) 資材の調達計画では，材料や仮設材の過不足による手待ち時間や保管費用の発生を最小限とするように計画する。

解説

(1) 施工計画は，全体工期や全体工費への**影響の大きい**工種から優先して検討すると効果的です。

(2) 問題3 の 解説 (2)（P24）を参照してください。

(3) 問題18 の 解説 (2)を参照してください。

(4) 問題17 の 解説 (4)を参照してください。

解答 (1)

問題21 出る 出る

建設工事の施工計画と積算に関する次の記述のうち，**適切でないもの**はどれか。

(1) ある工種の所要作業日数は，その工事量を1日当たりの平均施工量で除して求める。

(2) 仮設備工事のうち，現場事務所，車庫，試験室等の工事は，直接仮設工事に区分される。

(3) 一般に工事日数が長くなると，共通仮設費や現場管理費で構成される間接工事費は増大する。

(4) 直接工事費の積算の主な方法には，積上げ積算方式，市場単価方式，施工パッケージ型積算方式がある。

解 説

(1)　1．施工計画の基本，**5．施工計画の日程計画**（P20）を参照してください。**所要作業日数**は，その**工事量**を**1日当たりの平均施工量**で除して求めます。

$$\text{所要作業日数} = \frac{\text{工事量}}{\text{1日平均施工量}}$$

(2)　**問題12** の 解 説 (3)を参照してください。
　仮設備工事のうち，現場事務所，車庫，試験室等の工事は，**間接仮設工事**に区分されます。

(3)　一般に工事日数が長くなると**工事の完成が遅くなるため**，共通仮設費や現場管理費で構成される**間接工事費は増大**します。

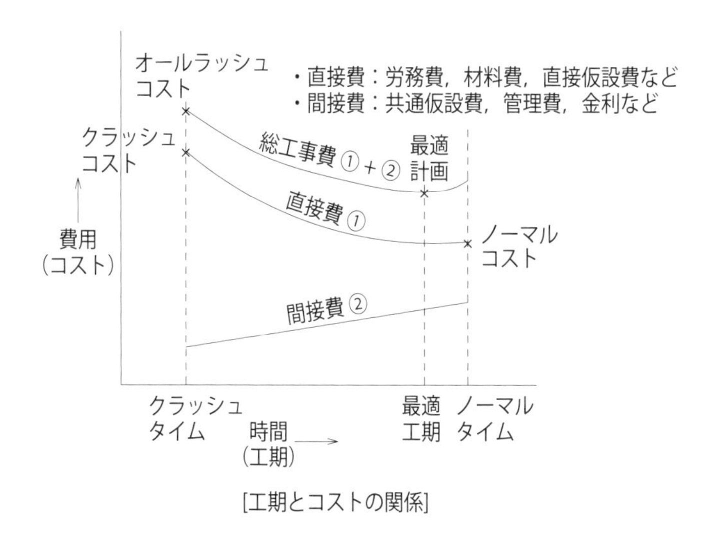

[工期とコストの関係]

(4) 直接工事費の主な積算方法として，**積上げ積算方式，市場単価方式，施工パッケージ型積算方式**があります。

直接工事費の主な積算方法

積算方法	概　要
積上げ積算方式	・歩掛（職種ごとに１つの作業にかかる手間を数値化したもの）による機械・労務・材料費に数量を乗じて，これらを積み上げた単価表による方式。
市場単価方式	・工事費を構成する一部もしくは全部の工種について歩掛を使用せず，機械・労務・材料費を含む施工単位当たりで市場の取引価格を反映する方法。
施工パッケージ型積算方式	・機械・労務・材料にかかる費用をひとまとめ（パッケージ化）にした施工単価により直接工事費の積算を行う方式。

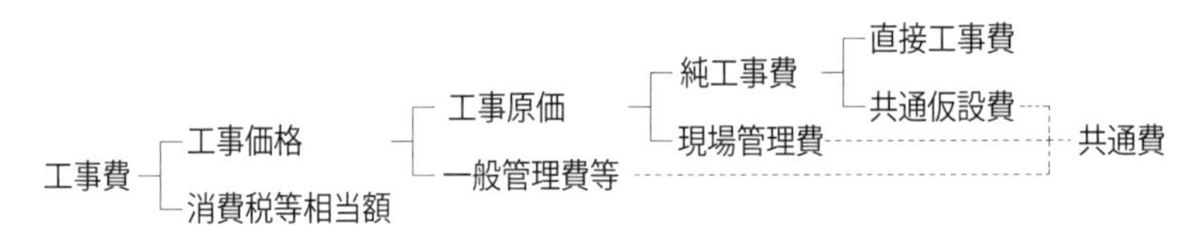

[工事費の構成]

解答　(2)

問題22

工事の施工計画と積算に関する次の記述のうち，**適切でないもの**はどれか。

(1) ある工種の所要作業日数は，その工事量を１日当たりの平均施工量で除して求める。

(2) 不稼働日は，休日数に天候等による作業不能日数を加えた日数に，両者の重複日数を加えて求める。

(3) 一般に工事日数が長くなると，共通仮設費や現場管理費で構成される間接工事費は増大する。

(4) 直接工事費の積算の主な方法には，積上げ積算方式，市場単価方式，施工パッケージ型積算方式がある。

解説

(1) 問題21 の 解説 (1)を参照してください。
(2) 不稼働日は，**休日数**に**天候等による作業不能日数**を加えた日数に，**両者の重複日数**を差し引いて求めます。

不稼働日＝（休日）＋（天候等による作業不能日）
－（休日で天候等による作業不能日）

(3) 問題21 の 解説 (3)を参照してください。
(4) 問題21 の 解説 (4)を参照してください。

解答 (2)

問題23 出る 出る 出る

施工計画の各項目とその検討に当たっての留意点に関する次の記述のうち，**適切でないもの**はどれか。

(1) 仮設備計画では，本工事と同一の安全率が必要である。
(2) 労務計画では，職種別の労務予定表を作成し，1日当たり必要人数の変動が小さくなるよう検討する。
(3) 工程計画では，契約工期の範囲内でより経済的となるような工程を検討する。
(4) 資材計画では，資材不足による作業の中断や過剰な在庫による費用が発生しないよう検討する。

解説

(1) 問題12 の 解説 (2)を参照してください。
仮設備計画では，**本工事と同一の安全率でなくても良い**ですが，構造計算を行って安全率を確認する必要があります。
(2) 問題18 の 解説 (2)を参照してください。
(3) **1．施工計画の基本，** 問題3 の 解説 (2) (P24) を参照してください。
(4) 問題17 の 解説 (4)を参照してください。

解答 (1)

問題24 出る 出る 出る

建設工事の施工計画において，工程，原価および品質の一般的な関係に関する次の記述のうち，**適切でないもの**はどれか。

⑴ 日当たり施工量を減らして工程を遅くすると，単位施工量当たりの原価は低くなる傾向がある。

⑵ 最も経済的な単位施工量当たりの原価は，最適な施工速度による工程で施工したときのものである。

⑶ 品質を高めようとすると，単位施工量当たりの原価は高くなる傾向にある。

⑷ 施工計画では，決められた品質と工程を守り，できるだけ経済的に工事を施工することが求められる。

解説

3．工程・原価・品質の関係性（P36）を参照してください。

⑴ 工程と原価の関係は相反する性質があり，**工程を遅くする**と，単位施工量当たりの**原価は高くなる**傾向があります。

⑵ 最も**経済的な**単位施工量当たりの**原価**は，**最適な施工速度による工程**で施工したときです。なお，突貫工事のように工程を極端に早めた場合，原価は高くなります。

⑶ 品質と原価の関係は相乗する性質があり，**品質**を**高め**ようとすると，**原価**は**高く**なる傾向にあります。

⑷ 工程・原価・品質の性質を調整し，決められた**品質**で**工程**を確保し，**経済的に**工事を施工することが施工計画で求められています。

解答 ⑴

3 工程管理と工程図表

要点の整理と理解

1. 工程計画と工程管理

工程計画と工程管理の主な留意点	
工程計画	・工程の進捗に合わせた施工管理が可能な計画とする。 ・契約工期が最適工期とは限らないため，施工者の手持ち資機材等の状況に応じ，契約工期内で最適な工程を検討する。 ・工事を完成するのに必要な作業日数は，作業可能日数以下となるように計画する。 ・所要作業日数は，工事量を１日平均施工量で除して算出する。 ・１日の平均施工量は，時間当たりの平均施工量に１日の平均作業時間を乗じて算出する。 ・平均施工量は，作業条件に見合った施工量を算定して計画する。
工程管理	・所定の工期内に，所定の品質の構造物が経済的に施工できるように管理する。 ・工程の進捗状況を全作業員に周知させる。 ・実施工程を評価・分析し，その結果を計画工程の修正に合理的に反映させる。 ・実施工程が計画工程よりやや上回るように管理する。 ・計画工程と実施工程とに差が生じた場合，労務，機械，資材，作業日数など，あらゆる方面からその原因を検討する。 ・平均施工量は，作業条件に合った施工量として管理する。

2. 工程図表

工程計画と工程管理には工程図表が用いられますが，作図様式によって**次のような工程図表**があります。工程管理は，工程図表により工事の進捗状況を管理するもので，計画と実績とにずれが生じた場合は，早期に原因を発見して是正します。

<table>
<tr><th colspan="2">①ネットワーク式工程表</th></tr>
<tr><td>参考図</td><td>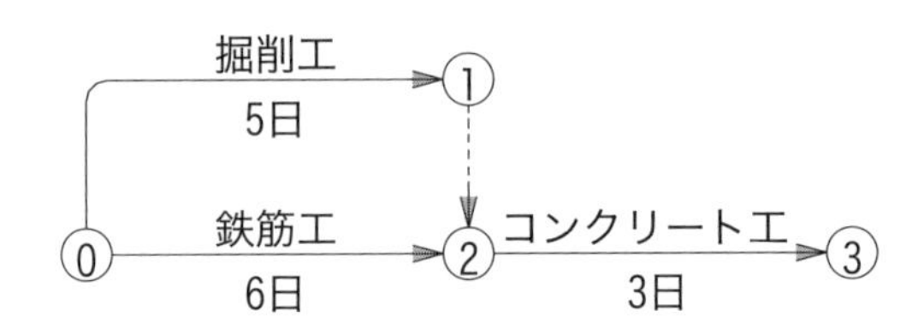
</td></tr>
<tr><td>概要</td><td>・各作業の時間的内容，及び先行・後行，または並行作業間の時間的関連をわかり易く表現するために考案されたもので，矢線（アロー）を用いて工事の流れ（作業経路）を表現する手法。
・各作業の手順，所要日数や進捗が明確に把握できる。</td></tr>
<tr><th colspan="2">②バーチャート工程表</th></tr>
<tr><td>参考図</td><td>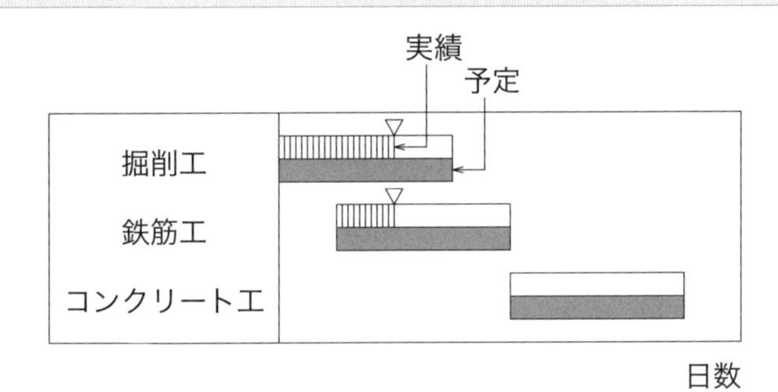
</td></tr>
<tr><td>概要</td><td>・工事を構成する各作業を縦軸に列記し，横軸に工期をとって，作業ごとに所要日数を示した図表。
・図表の作成が容易で，短期工事や単純工事に向いている。
・各作業間の関連および工期に影響する作業が明確でない。</td></tr>
</table>

③ガントチャート工程表	
参考図	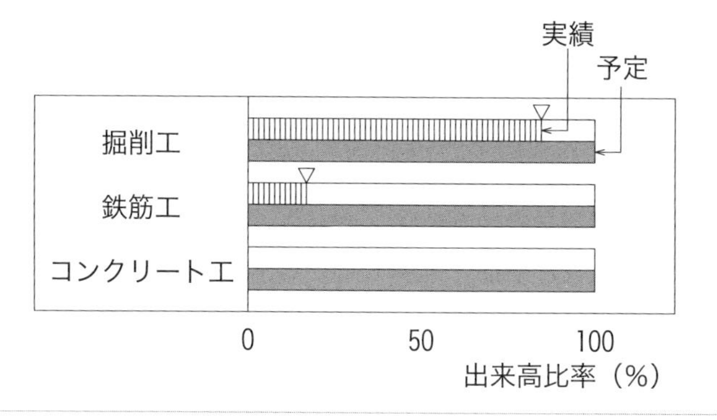
概要	・縦軸に工種や作業名を施工順序に従って列記し，横軸に工事の出来高比率（%）を表した図表。各作業の達成率がわかる。 ・各作業の現時点での進捗度合いや各作業の達成率がよくわかる。

④工程管理曲線，出来高累計曲線（バナナ曲線）	
参考図	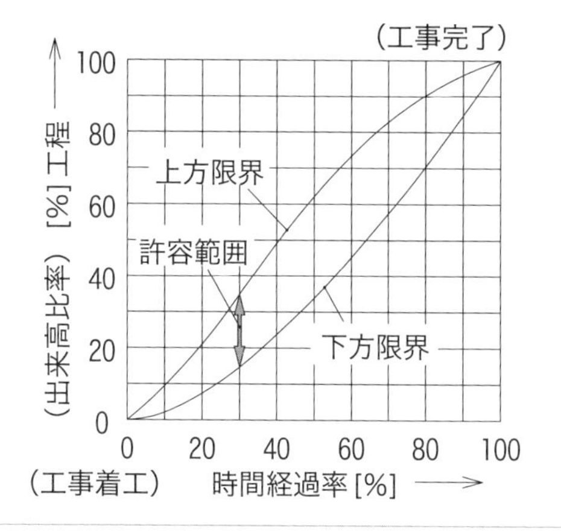
概要	・工事開始時点を0（ゼロ）とし，終了時点（工期）を100%として，時間（日数）経過率に応じたその工事の出来高比率（%）をプロットした図表で，工事の進捗度合が明確である。 ・実際の工事では一般に，変曲点を持つS字型の曲線となる。 ・作業の手順が不明確で，作業に必要な日数や工期に影響する作業がつかみにくい。

理解しよう！

各種工程表の比較

事項	ネットワーク式	バーチャート	ガントチャート	曲線式
作業の手順	○	△	×	×
作業に必要な日数	○	○	×	×
作業進行の度合い	○	△	○	○
工期に影響する作業	○	×	×	×
図表の作成	△	○	○	△
短期・単純工事	×	○	○	○

×：不明（不向き）　△：曖昧（やや難，複雑）　○：明瞭（判明，容易）

試験によく出る問題

問題25

工程計画の基準となる施工速度に関する次の記述のうち，**適切でないもの**はどれか。

(1)　施工速度は，建設機械の１時間当たりの施工量をいい，１時間当たりの標準作業量に作業効率を乗じて求める。

(2)　最大施工速度と正常施工速度は，建設機械の組合せを計画する場合，各工程の機械の作業能力をバランスさせるために用いられる。

(3)　平均施工速度は，一般に工程計画の策定や工事費見積りの算出に用いられる。

(4)　正常施工速度は，好条件下で，建設機械に期待できる１時間当たりの最大の施工速度である。

解説

１．施工計画の基本，５．施工計画の日程計画（P20）を参照してください。

(1)　建設機械の１時間当たりの施工量を**施工速度**といいます。施工速度は，**（１時間当たりの標準作業量）×（作業効率）**で算定します。

(2)　**最大施工速度**や**正常施工速度**（最大施工速度を修正した速度）は，建設機械の組合せを計画する場合に，作業能力が**バランスのとれた機械の組合せとする**ために用いられます。

(3)　天候や機械維持管理等に要する損失時間を除いた**平均施工速度**は，**工程計画の策定**や**工事費見積りの算出**に用いられます。

最大，**正常**施工速度→**建設機械**に関連。
平均施工速度→**工程計画**，**積算**に関連。
がポイントです。

(4)　好条件下で，**建設機械に**期待できる1時間当たりの最大の施工速度は，**最大施工速度**です。

解答　(4)

問題26

工程管理に関する次の記述のうち，**適切でないもの**はどれか。

(1)　工程計画は，工程の進捗に合わせた施工管理が可能で，所定の工期内に，所定の品質の構造物が経済的に施工できるように作成しなければならない。

(2)　工程管理においては，実施工程を評価・分析し，その結果を計画工程の修正に合理的に反映させるようにしなければならない。

(3)　計画工程と実施工程とに差が生じたときは，労務・機械・資材および作業日数などのあらゆる方面からその原因を検討することが必要である。

(4)　工程管理にあたっては，工程の進捗状況を全作業員に周知するとともに，実施工程が計画工程よりやや下回るように管理することが望ましい。

解　説

1．**工程計画と工程管理**（P47）を参照してください。

(1)　工程計画は，**工程の進捗に合わせた施工管理**が可能な計画とします。また，所定の工事期間内に，品質のよいものを**経済的に施工**できる計画とします

(2)　計画工程に対して**実施工程を評価・分析**し，その結果を**計画工程の修正**に合理的に反映させる工程管理とします。

実施工程→**評価・分析**。
計画工程→**修正**。
がポイントです。

(3) 計画工程と実施工程とに**差が生じた場合**は，労務，機械，資材，作業日数などのあらゆる方面からその**原因を検討**します。
(4) 実施工程が計画工程より**やや上回る**ように管理する工程管理が望ましいです。

解答 (4)

問題27 出る 出る

工程計画に関する次の記述のうち，**適切でないもの**はどれか。
(1) 工事を完成するのに必要な作業日数は，工事量を１日当たり平均施工量で除して算出し，その日数が作業可能日数以下となるようにする。
(2) 建設機械１台または作業員１人の１時間当たりの平均施工量は，作業条件などが異なっても一定の施工量として計画する。
(3) 作業可能日数は，工事期間中の暦日による日数から，定休日，天候その他に基づく不稼働日を差し引いて推定する。
(4) 建設機械による１日当たり平均作業時間は，１日の運転時間から機械の休止時間と日常整備や修理時間を差し引いた時間である。

解説

１．工程計画と工程管理（P47）を参照してください。
(1)**１．施工計画の基本，５．施工計画の日程計画**（P20）を参照してください。
工事を完成するのに必要な作業日数（実稼働日数，所要作業日数）は，**工事量を１日平均施工量**で除して算出します。その**所要作業日数**が**作業可能日数以下**となるように工程計画を立てます。
(2)**１．施工計画の基本，問題５**の 解説 (2)（P26）を参照してください。
建設機械１台または作業員１人の１時間当たりの**平均施工量**は，作業条件などによって変わります。したがって，**条件に見合った施工量を算出する**必要があります。
(3) 作業が可能な**作業可能日数の算定**は，工事期間中の**暦日による日数**から，定休日，天候その他に基づく**不稼働日**を**差し引いて**推定します。

作業可能日数＝（暦日）－**（不稼働日）**
がポイントです。

(4) 建設機械による1日当たり**平均作業時間**は，1日の**運転時間**から機械の**不稼働時間**（機械の休止時間，日常整備時間，修理時間など）を**差し引いた**時間です。

平均作業時間＝（運転時間）－**（不稼働時間）**
がポイントです。

解答 (2)

工程計画に関する次の記述のうち，**適切でないもの**はどれか。

(1) 作業可能日数は，暦日による日数から，定休日，天候その他に基づく作業不能日数を差し引いて推定する。

(2) 所要作業日数は，工事量を1日平均施工量で除して算出し，その日数が作業可能日数より多くなるようにする。

(3) 契約工期が最適工期とは限らないため，施工者の手持ち資機材等の状況に応じ，契約工期内で最適な工程を検討することも重要である。

(4) 1日の平均施工量は，時間当たりの平均施工量に1日の平均作業時間を乗じて算出する。

解 説

1．工程計画と工程管理（P47）を参照してください。

(1) **問題27** の 解 説 (3)を参照してください。

(2) **問題27** の 解 説 (1)を参照してください。

所要作業日数は，工事量を1日平均施工量で除して算出し，その日数が**作業可能日数**より**少なくなる**ように計画します。

所要作業日数≦作業可能日数
の関係は，よく出題されます。

⑶　**1．施工計画の基本，問題3**の（解 説）⑵（P24）を参照してください。

⑷　1日の**平均施工量**は，（時間当たりの平均施工量）×（1日の平均作業時間）で算出します。

解答　⑵

問題29　出る　出る　出る

工程管理に用いる工程図表に関する次の記述のうち，**適切でないもの**はどれか。

⑴　バーチャートは，縦軸に作業名を施工順に，横軸に作業に必要な日数を棒線で記入した図表である。

⑵　出来高累計曲線は，縦軸に工事出来高比率をとり，横軸に工期の時間経過（日数や月数（つきすう））をとった図表である。

⑶　バーチャートは，各作業間の関連および工期に影響する作業が明確である。

⑷　出来高累計曲線は，作業の手順が不明確で，作業に必要な日数や工期に影響する作業がつかみにくい。

解 説

2．工程図表（P47）を参照してください。

⑴　**バーチャート**は，工事を構成する**各作業を縦軸**に作業順に列記し，**横軸に工期（作業に必要な日数）**をとって，作業ごとに所要日数を示した図表です。

⑵　**出来高累計曲線**は，**縦軸**に**工事出来高比率**をとり，**横軸**に**工期の時間経過率（日数や月数）**をとった図表です。

ネットワーク式以外の工程図表は，**縦軸**，**横軸**にどのような要素をとった図であるかがポイントです。

⑶　**バーチャート**は，**各作業間の関連**や**工期に影響する作業**が**不明確**です。

⑷　**出来高累計曲線**は，**作業手順が不明確**なので，作業に必要な日数や工期に影響する作業もつかみにくいです。

解答　⑶

問題30 出る 出る 出る

工程管理に使用する工程表とその特徴をまとめた下表において，A～D に該当する工程図表名の組合せとして次のうち，**適切なもの**はどれか。

工程図表名	事項			
	作業手順	作業に必要な日数	作業の進行度合い	工期に影響する作業
(A)	不明	不明	明瞭	不明
(B)	曖昧	明瞭	曖昧	不明
(C)	明瞭	明瞭	明瞭	明瞭
(D)	不明	不明	明瞭	不明

	(A)	(B)	(C)	(D)
(1)	工程管理曲線	バーチャート	ネットワーク式	ガントチャート
(2)	ネットワーク式	ガントチャート	バーチャート	工程管理曲線
(3)	バーチャート	工程管理曲線	ガントチャート	ネットワーク式
(4)	ガントチャート	ネットワーク式	工程管理曲線	ガントチャート

解説

2．工程図表（P50），**「各種工程表の比較」**を参照してください。

工期に影響する作業が明瞭な工程表はネットワーク式のみで，**(C) がネットワーク式**に該当します。したがって，適切なものは(1)です。

解答　(1)

工程管理に用いる工程図表に関する次の記述のうち，**適切でないもの**はどれか。

(1)　工程図表は，工事の特性や規模などを考慮して，工事の進捗状況を的確に把握できるものを選択する。

(2)　出来高累計曲線は，実際の工事では一般に，変曲点を持つ S 字型の曲線となる。

(3)　ガントチャートは，各作業の現時点での進捗度合いがよくわかる。

(4)　バーチャートは，縦軸に部分工事，横軸に各部分工事の出来高比率を棒線で記入した図表である。

解説

2．工程図表（P47）を参照してください。

⑴ **工程図表を選択**する際には，工事の特性や規模などを考慮し，工事の**進捗状況を的確に把握できるもの**を選択します。

⑵ 一般に工事の出来高は，初めは工事の準備などで進行が遅く，終わりも片づけや清掃などで出来高が低下します。したがって，**出来高累計曲線**は，実際の工事では**変曲点を持つＳ字型**の曲線となります。

[実際の出来高累計曲線]

⑶ **ガントチャート**は，各作業の現時点での**進捗度合い**や各作業の**達成率**がよくわかります。

⑷ **縦軸**に**部分工事**，**横軸**に各部分工事の**出来高比率**を棒線で記入した図表は，**ガントチャート**です。

解答　⑷

問題32

工程管理に使われる工程図表のうち，下記に示す**特徴をもつもの**はどれか。

（特徴）各作業の時間的内容および先行・後行または並行作業間の時間的関連をわかりやすく表現するために考案され，各作業の手順，所要日数や進捗が明確に把握できる。

(1)　ネットワーク式
(2)　バーチャート式
(3)　ガントチャート式
(4)　工程管理曲線

解説

2．工程図表（P47）を参照してください。

記述内容は，(1)**ネットワーク式**の特徴を表した内容です。**各作業の時間的内容**や**作業間の時間的関連**をわかりやすく表現した工程図表は，ネットワーク式です。

解答　(1)

問題33

工程計画と工程管理に用いられる工程図表に関する次の記述のうち，**適切なもの**はどれか。

(1)　ネットワーク式工程表の特徴は，各作業の施工時期，所要日数，作業相互の関連はわかるが，１つの作業が全体の作業に及ぼす影響が不明である。
(2)　工程管理曲線（バナナ曲線）の特徴は，工事の進捗度合は明確であるが，各作業の進捗度合は不明である。
(3)　バーチャートの特徴は，計画と実績の差異は不明であるが，１つの作業が全体の作業に及ぼす影響が明確である。
(4)　ガントチャートの特徴は，各作業の達成率は不明であるが，作業相互の関連や計画と実績の差異が明確である。

解 説

２．工程図表（P47）を参照してください。

⑴　ネットワーク式は，各作業の施工時期，所要日数，**作業相互の関連がよくわかり**，１つの作業が全体の**作業に及ぼす影響**が**明確**です。

⑵　工程管理曲線（バナナ曲線）は，**工事**の進捗度合は**明確**ですが，**各作業**の進捗度合は**不明**です。

⑶　バーチャートは，**計画と実績の差異**は**明確**ですが，１つの作業が全体の**作業に及ぼす影響**が**不明**です。

⑷　ガントチャートは，**各作業の達成率**は**明確**ですが，**作業相互の関連**や計画と実績の差異が**不明**です。

2次検定では，**「適切なもの」を解答する**場合は少ないですが，注意しましょう。

解答　⑵

問題34

工程計画と工程管理に用いられる工程図表に関する次の記述のうち，**適切でないもの**はどれか。

⑴　ガントチャートの特徴は，各作業の達成率は明確であるが，作業相互の関連や計画と実績の差異が不明なことである。

⑵　バーチャートの特徴は，計画と実績の差異は明確であるが，１つの作業が全体の作業に及ぼす影響が不明なことである。

⑶　工程管理曲線（バナナ曲線）は，工期の時間的経過（日数や月数）に伴う出来高の進捗状況をグラフ化して示したものである。

⑷　ネットワーク式工程表の特徴は，各作業の施工時期，所要日数，作業相互の関連はわかるが，１つの作業が全体の作業に及ぼす影響が不明なことである。

解 説

2．工程図表（P47）を参照してください。

⑴ 問題33 の 解 説 ⑷を参照してください。
⑵ 問題33 の 解 説 ⑶を参照してください。
⑶ 問題29 の 解 説 ⑵を参照してください。
⑷ 問題33 の 解 説 ⑴を参照してください。

ネットワーク式工程表の特徴は，1つの作業が終了しないと次の作業に繋がっていかないため，**その作業の全体に及ぼす影響が把握できます**。

解答 ⑷

工程管理曲線（バナナ曲線）を用いた工程管理に関する次の記述のうち，**適切でないものは**どれか。

⑴ 予定工程曲線を，最大施工速度をもとに作成し，実施工程曲線とのズレが許容範囲にあるか判定する。
⑵ 工期末を100％とした時間経過率を横軸に，工期末の出来高を100％とした工程進捗率を縦軸にとったグラフである。
⑶ 実施工程曲線がバナナ曲線の下限を下回る場合は，突貫工事が不可避な状態となっている。
⑷ 実施工程曲線がバナナ曲線の上限を上回る場合は，不経済な状態となっていないか検討する。

解説

２．工程図表（P47）を参照してください。

⑴　**予定工程曲線**は**平均施工速度**をもとに作成されますが，実施工程曲線との間にズレが生じます。このズレが**許容範囲にあるかを判定**するのにバナナ曲線が用いられます。

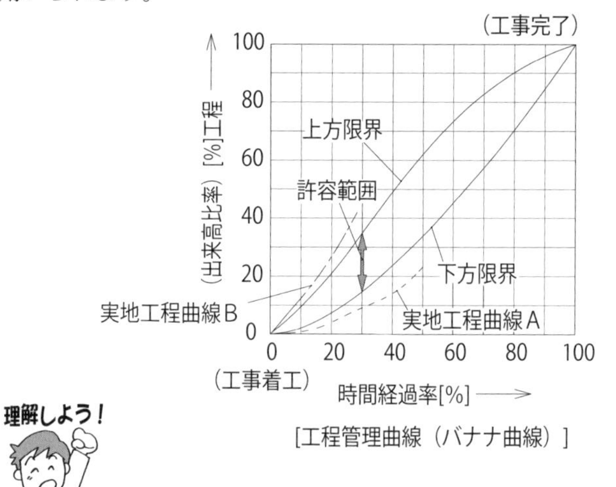

[工程管理曲線（バナナ曲線）]

⑵　工期末（工事完了）を 100％とした**時間経過率**を**横軸**に，工期末（工事完了）の出来高を 100％とした**工程進捗率（出来高比率）**を**縦軸**にとったグラフです。

⑶　**実施工程曲線 A** のように実施工程曲線が**下方許容限界曲線の下**にある場合は，**突貫工事**としなければ工期内の完成が危ぶまれる状態となっています。（上記⑴の図を参照。）

⑷　**実施工程曲線 B** のように実施工程曲線が**上方許容限界曲線の上**にある場合は，人員や機械の配置が多すぎるなどの**無駄があり不経済な状態**となっていないか，工費の節減などを検討します。（上記⑴の図を参照。）

上方許容限界曲線の**上**→予定より**速すぎる。**
下方許容限界曲線の**下**→予定より**遅すぎる。**
がポイントです。

解答　⑴

問題36

工程管理曲線（バナナ曲線）を用いた工程管理に関する次の記述のうち，**適切でないもの**はどれか。

(1)　予定工程を，最大施工速度をもとに作成し，実施工程で生じる曲線のズレが許容範囲にあるかを判定する手法である。

(2)　予定工程曲線がバナナ曲線の上限と下限の間から外れる場合は，一般に不合理な工程計画と考えられるため再検討する。

(3)　実施工程曲線がバナナ曲線の下限を下回る場合は，工程遅延により突貫工事が不可避となるので施工計画の根本的な再検討が必要である。

(4)　実施工程曲線がバナナ曲線の上限を上回る場合は，工程が予定より進んでおり，必要以上に機械台数を入れている等，不経済となっていないか検討する。

解 説

2．工程図表（P47）を参照してください。

(1)　**問題35** の 解 説 (1)を参照してください。

バナナ曲線は，**予定工程**を，**平均施工速度**をもとに作成し，**実施工程**で生じる曲線のズレが**許容範囲にあるかを判定**する手法です。

(2)　予定工程曲線がバナナ曲線の上限と下限の**許容範囲から外れる場合**，一般的に**不合理な工程計画**と考えられ，再検討を行います。

(3)　**問題35** の 解 説 (3)を参照してください。

(4)　**問題35** の 解 説 (4)を参照してください。

解答　(1)

4 ネットワーク工程表

要点の整理と理解

1. ネットワーク工程表に関する基本事項

ネットワーク手法の基本的ルールとして，**丸印（結合点，イベント）**と**矢線（作業，アクティビティ）**の結び付けで表現し，矢線がその作業の関連性，方向，内容を表しています。

例えば，次に示すネットワークの内容は，まず作業Aが始まり，この**作業Aが終了**すると，**作業Bと作業Cを同時に始める**ことができます。また，**作業D**は，**作業Bと作業Cが完了**してから始めることになることを意味しています。

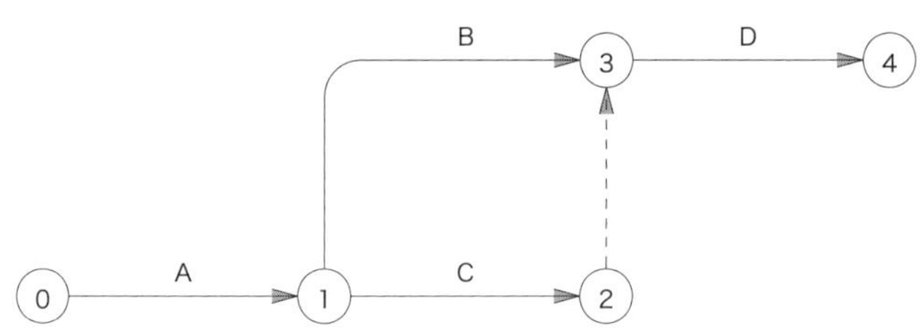

[ネットワーク工程表の例]

ネットワーク工程表の用語

用　語	図又は記号	概　要
作業（アクティビティ）	実線の矢印	・矢線（実線と矢印）で表し，ネットワークを構成する作業単位を示す。
結合点（イベント）	○と矢印	・○印で表し，作業またはダミーを結合する点，及び工事の開始点又は終了点を示す。
ダミー	破線の矢印	・作業の前後関係を示すための矢線（破線と矢印）で，時間の要素は含まない。

用　語	図又は記号	概　要
クリティカルパス	CP	・最初の作業から最後の作業に至る最長の経路を示す。 ・トータルフロートが最小の経路。 （TF＝0（ゼロ）の経路） ・クリティカルパス上の工事が遅れると，全体の工期が延びる。
最早開始時刻	EST	・作業を始めうる最も早い時刻。 （本書：「△」で表示）
最早終了時刻	EFT	・作業を完了しうる最も早い時刻。 ・最早開始時刻にその作業の所要時間を加えたもの。 （本書：「△＋日数」で計算）
最遅開始時刻	LST	・対象行為の工期に影響のない範囲で作業を最も遅く開始してもよい時刻。 ・最遅終了時刻からその作業の所要時間を引いたもの。 （本書：「□－日数」で計算）
最遅終了時刻	LFT	・最も遅く終了してよい時刻。 （本書：□で表示）
フロート	F	・作業の余裕時間。
トータルフロート	TF	・作業を最早開始時刻で始め，最遅終了時刻で終わらせて存在する余裕時間。 ・1つの経路上で，任意の作業が使い切ればその経路上の他の作業の TF に影響する。 （本書：「□－（△＋日数）」で計算）
フリーフロート	FF	・作業を最早開始時刻で始め，後続する作業も最早開始時刻で初めても，なお存在する余裕時間。 ・その作業の中で自由に使っても，後続作業に影響を及ばさない。 （本書：「△－（△＋日数）」で計算）
デペンデントフロート	DF	・後続作業のトータルフロートに影響を及ぼすようなフロートのこと。 ・DF＝TF－FF で計算。

ネットワーク手法の出題では，**最早開始時刻**や**最遅終了時刻**を求めて解く方法もあるので，**参考資料**として示しておきます。

2. ネットワーク手法（参考資料）

①**最早開始時刻（EST）の計算方法**を以下に示します。

- 最初のイベント番号の右上に△0**を記入**し，最初の作業の最早開始時刻とします。（以後の，最早開始時刻は，△の中に日数を記入します。）
- イベント番号の小さい順に，△**（最早開始時刻）と所要日数との和**を記入します。これが，各作業の最早開始時刻となります。
- ２本以上の矢線がイベントに**流入するとき**は，そのうちの**最大値**を最早開始時刻とします。

このようにして，計算した結果が次の図です。

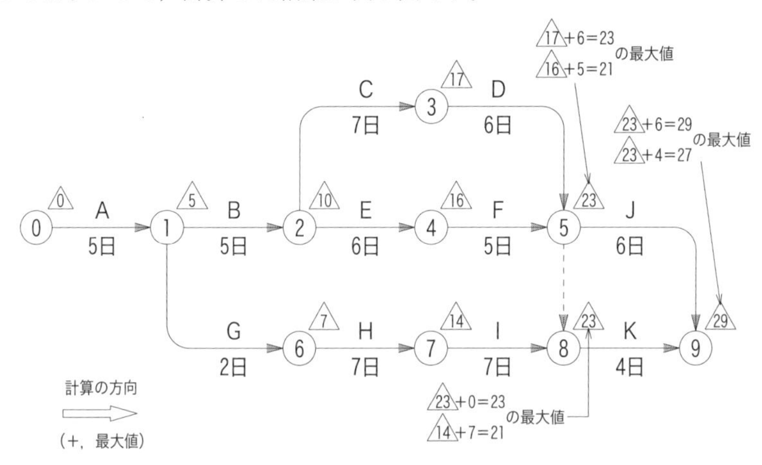

[最早開始時刻（EST）の計算]

②**最遅終了時刻（LFT）の計算方法**を以下に示します。

・最終イベントの△29の工期の値を**29と記入**します。（以後の，最遅終了は，□の中に日数を記入します。）

・イベント番号の大きい順に，□**（最遅終了時刻）から所要日数を引き算**します。これが，前のイベントの最遅終了時刻になります。

・１つのイベントから２本以上の矢線が**流出しているとき**は，そのうちの**最小値**を最遅終了時刻とします。

このようにして，計算した結果が次の図です。

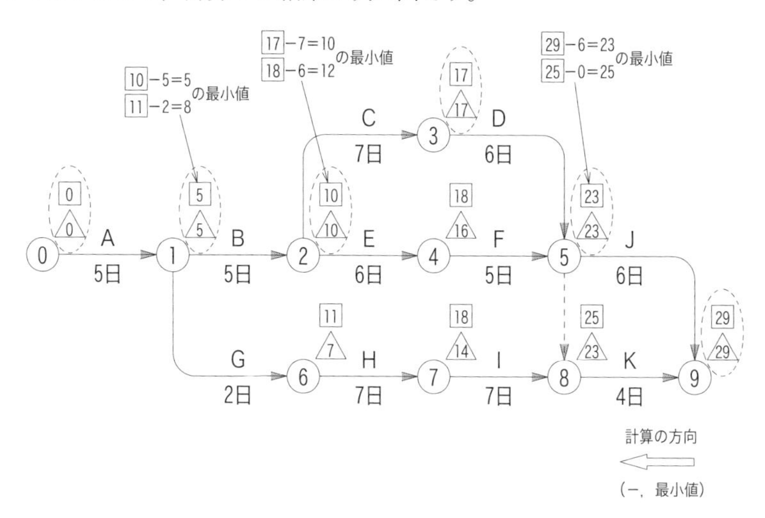

[最遅終了時刻（LFT）の計算]

③**クリティカルパス**を求める場合は，△**と**□**内の数字が同じ**であるイベント番号をたどっていきます。

参考例のクリティカルパスは，⓪→①→②→③→⑤→⑨です。

試験によく出る問題

問題37

ネットワーク式工程表に関する次の記述のうち，**適切でないもの**はどれか。

(1) 結合点（イベント）は，○で表し，作業の開始と終了の接点を表す。

(2) ダミーは，所用時間を持った疑似作業として，作業相互の関係を破線と矢印で表す。

(3) 1つの作業の遅れが工事全体の工期にどのように影響するかを容易かつ的確にとらえることができる。

(4) クリティカルパスを求めることができ，重点管理作業や工事完了日の予測が的確にできる。

解 説

1．ネットワーク工程表に関する基本事項（P62）を参照してください。

(1) **結合点（イベント）**は○で表し，工事の**開始点**又は**終了点**を示します。なお，○内の番号をイベント番号といい，同じ番号が**2箇所以上**存在してはならないです。

(2) **ダミー**は**破線**の矢線で表すことで作業の前後関係を示し，**所用時間0（ゼロ）の疑似作業**です。

(3) **3．工程管理と工程図表**，**問題33**の解 説(1)（P58）を参照してください。

ネットワーク式工程表は，各作業の施工時期，所要日数，作業相互の関連性がよくわかるので，1つの作業の**全体作業に及ぼす影響**が明確になります。

(4) **クリティカルパス**を求めることができるので，重点管理作業や**工事完了日の予測**が的確にできます。

解答 (2)

問題38

ネットワーク式工程表に関する次の記述のうち，**適切でないもの**はどれか。

(1) クリティカルパスは，各ルートのうち最も長い日数を要する経路で，経路の通算日数が工期を決定する。

⑵　各イベントは，２つの結合点番号で表されるが，その結合点番号は同じ番号が２個以上あってもよい。

⑶　各作業の進捗状況と他作業への影響および全体工期への影響を把握でき，重点管理すべき作業を明確にできる。

⑷　作業順序が明確であるため，工事担当者間で細部にわたる具体的な情報伝達ができる。

解説

１．ネットワーク工程表に関する基本事項（P62）を参照してください。

⑴　**クリティカルパス**は，各経路のうち**最も長い日数を要する経路**で最長経路と呼び，この経路の通算日数が工事期間（工期）を表します。

⑵　**問題37** の 解 説 ⑴を参照してください。

イベント番号は，**同じ番号が２個以上あってはならない**です。一般的には「前の番号＜後の番号」を満足するように付けます。

⑶　**問題37** の 解 説 ⑶を参照してください。

⑷　ネットワーク式工程表は，**作業順序やクリティカルパスが明確**になるため，工事担当者間で**細部にわたる具体的な情報伝達**が可能です。

解答　⑵

問題39

ネットワーク式工程表に関する次の①～③の記述において A～C に当てはまる語句の組合せとして次のうち，**適切なもの**はどれか。

①　工程のネックとなる作業が（A）であり，その作業の重点管理ができる。

②　工程表の作成に必要なデータ量は，バーチャート式と比較して（B）なる。

③　計画段階で（C）のみを重点管理するだけでなく，余裕時間の短い経路についても重点的に管理する必要がある。

	(A)	(B)	(C)
⑴	不明	少なく	クリティカルパス
⑵	明瞭	少なく	起終点
⑶	明瞭	多く	クリティカルパス
⑷	不明	多く	起終点

解説

1．ネットワーク工程表に関する基本事項（P62）を参照してください。

① 工程の**ネックとなる作業**が**明瞭**となり，その作業の重点管理ができます。

② 工程表の作成に**必要なデータ量**は，バーチャート式と比較して**多く**なります。

③ 計画段階で**クリティカルパス**のみを重点管理するだけでなく，**余裕時間の短い経路**についても重点的に管理する必要があります。

上記の解説から，(A) **明瞭**，(B) **多く**，(C) **クリティカルパス**で，適切なものは(3)です。

解答 (3)

問題40 出る 出る 出る

下図に示すネットワーク式工程表に示された**工事の所要日数**として次のうち，**適切なもの**はどれか。ただし，図中のイベント間のA〜Kは作業内容，日数は作業日数を表す。

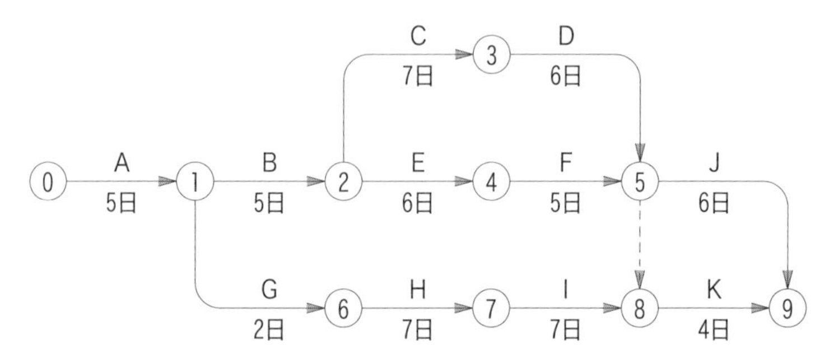

(1) 29日

(2) 28日

(3) 27日

(4) 26日

解説

⓪から⑨に至るすべての経路を求め，その所要日数を求めます。

経路1：⓪→①→②→③→⑤→⑨

日数：A＋B＋C＋D＋J＝5日＋5日＋7日＋6日＋6日＝29日

経路２：⓪→①→②→③→⑤→⑧→⑨
日数：A＋B＋C＋D＋K＝５日＋５日＋７日＋６日＋４日＝27日

経路３：⓪→①→②→④→⑤→⑨
日数：A＋B＋E＋F＋J＝５日＋５日＋６日＋５日＋６日＝27日

経路４：⓪→①→②→④→⑤→⑧→⑨
日数：A＋B＋E＋F＋K＝５日＋５日＋６日＋５日＋４日＝25日

経路５：⓪→①→⑥→⑦→⑧→⑨
日数：A＋G＋H＋I＋K＝５日＋２日＋７日＋７日＋４日＝25日

以上のことから，所要日数の最も大きい**経路１**が**クリティカルパス**となり，**所要日数**は**29日**です。

２．ネットワーク手法（参考資料）から，**最早開始時刻**を求めて，工事の所要日数を算出することもできます。

解答　(1)

下図のネットワーク式工程表に示された**工事の所要日数**は，次のうちどれか。ただし，図中のイベント間のA～Hは作業内容，日数は作業日数を表す。

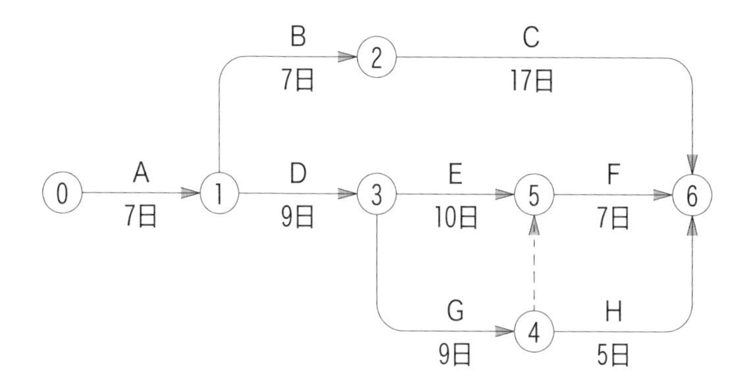

(1)　30日
(2)　31日
(3)　32日
(4)　33日

解説

問題40 の 解 説 (P68) を参照してください。

⓪から⑥に至るすべての経路を求め，その所要日数を求めます。

経路1：⓪→①→②→⑥
日数：A＋B＋C＝7日＋7日＋17日＝31日

経路2：⓪→①→③→⑤→⑥
日数：A＋D＋E＋F＝7日＋9日＋10日＋7日＝33日（CP：クリティカルパス）

経路3：⓪→①→③→④→⑤→⑥
日数：A＋D＋G＋F＝7日＋9日＋9日＋7日＝32日

経路4：⓪→①→③→④→⑥
日数：A＋D＋G＋H＝7日＋9日＋9日＋5日＝30日

以上のことから，所要日数の最も大きい**経路2**が**クリティカルパス**となり，**所要日数**は**33日**です。

解答　(4)

問題42

下図のネットワーク式工程表に示された工事のクリティカルパスとして次のうち，**適切なもの**はどれか。ただし，図中のイベント間のA～Kは作業内容を，日数は作業日数を表す。

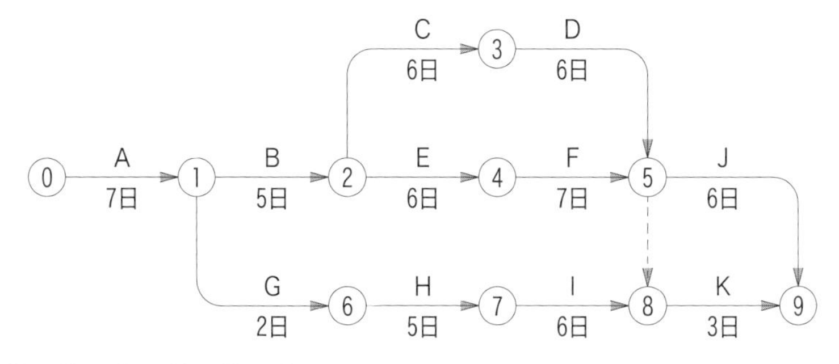

(1)　⓪→①→②→③→⑤→⑨

(2)　⓪→①→②→④→⑤→⑨

(3)　⓪→①→②→④→⑤→⑧→⑨

(4)　⓪→①→⑥→⑦→⑧→⑨

解 説

問題40 の 解 説 （P70）を参照してください。

(1)　日数：7日＋5日＋6日＋6日＋6日＝30日

(2)　日数：7日＋5日＋6日＋7日＋6日＝31日（CP）

(3)　日数：7日＋5日＋6日＋7日＋3日＝28日

(4)　日数：7日＋2日＋5日＋6日＋3日＝23日

以上のことから，所要日数の最も大きい**(2)がクリティカルパス**となり，所要日数は31日です。

解答　(2)

【問題 43】，【問題 44】は少しレベルの高い問題ですが，チャレンジしてみましょう。

問題43

下図のネットワーク式工程表に示された工事に関する次の記述のうち，**適切でないもの**はどれか。ただし，図中のイベント間のA～Ⅰは作業内容，日数は作業日数を表す。

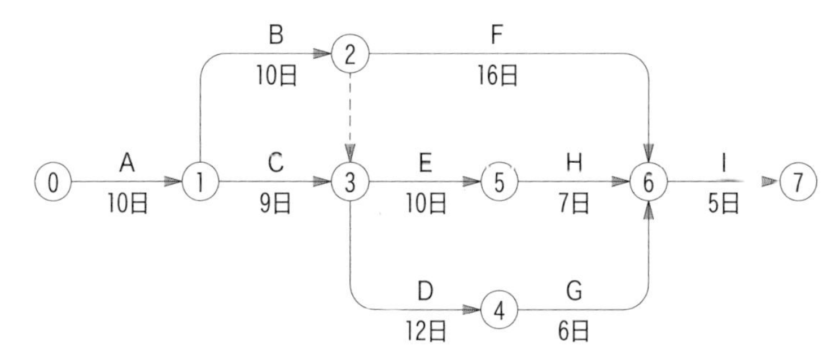

(1) この工事の所要日数は43日である。

(2) この工事のクリティカルパスは⓪→①→②→③→④→⑥→⑦である。

(3) B作業とC作業を各2日間，D作業を3日間短縮したとき，この工事の所要日数は39日である。

(4) F作業を1日間，G作業を2日間短縮したとき，この工事のクリティカルパスは⓪→①→②→③→⑤→⑥→⑦である。

解説

問題40 の 解 説 を参照してください。（P68）

⓪から⑨に至るすべての経路を求め，その所要日数を求めます。

経路1：⓪→①→②→⑥→⑦
日数：A＋B＋F＋I＝10日＋10日＋16日＋5日＝41日

経路2：⓪→①→②→③→⑤→⑥→⑦
日数：A＋B＋E＋H＋I＝10日＋10日＋10日＋7日＋5日＝42日

経路3：⓪→①→②→③→④→⑥→⑦
日数：A＋B＋D＋G＋I＝10日＋10日＋12日＋6日＋5日＝<u>43日</u>（CP）

経路4：⓪→①→③→⑤→⑥→⑦
日数：A＋C＋E＋H＋I＝10日＋9日＋10日＋7日＋5日＝41日

経路5：⓪→①→③→④→⑥→⑦
日数：A＋C＋D＋G＋I＝10日＋9日＋12日＋6日＋5日＝42日

(1) この工事の所要日数は，**経路3**の日数で**43日**です。

(2) この工事のクリティカルパスは**経路3**となり，⓪→①→②→③→④→⑥→⑦となります。

(3) **B作業**の日数を**8日**，**C作業**の日数を**7日**，**D作業**の日数を**9日**として，すべての経路の所要日数を求めます。

経路1：⓪→①→②→⑥→⑦
日数：A＋**B**＋F＋I＝10日＋**8日**＋16日＋5日＝39日

経路2：⓪→①→②→③→⑤→⑥→⑦
日数：A＋**B**＋E＋H＋I＝10日＋**8日**＋10日＋7日＋5日＝40日（CP）

経路3：⓪→①→②→③→④→⑥→⑦
日数：A＋**B**＋**D**＋G＋I＝10日＋**8日**＋**9日**＋6日＋5日＝38日

経路4：⓪→①→③→⑤→⑥→⑦
日数：A＋**C**＋E＋H＋I＝10日＋**7日**＋10日＋7日＋5日＝39日

経路5：⓪→①→③→④→⑥→⑦
日数：A＋**C**＋**D**＋G＋I＝10日＋**7日**＋**9日**＋6日＋5日＝40日（CP）

以上のことから，**経路2**又は**経路5**が**クリティカルパス**となり，**所要日数**は**40日**です。

(4) **F作業**の日数を**15日**，**G作業**の日数を**4日**としてすべての経路の所要日数を求めます。

経路1：⓪→①→②→⑥→⑦
日数：A＋B＋**F**＋I＝10日＋10日＋**15日**＋5日＝40日

経路2：⓪→①→②→③→⑤→⑥→⑦
日数：A＋B＋E＋H＋I＝10日＋10日＋10日＋7日＋5日＝42日（CP）

経路3：⓪→①→②→③→④→⑥→⑦
日数：A＋B＋D＋**G**＋I＝10日＋10日＋12日＋**4日**＋5日＝41日

経路4：⓪→①→③→⑤→⑥→⑦
日数：A＋C＋E＋H＋I＝10日＋9日＋10日＋7日＋5日＝41日

経路5：⓪→①→③→④→⑥→⑦
日数：A＋C＋D＋**G**＋I＝10日＋9日＋12日＋**4日**＋5日＝40日

以上のことから，**経路2**が**クリティカルパス**となり，その経路は⓪→①→②→③→⑤→⑥→⑦です。

解答　(3)

下図のネットワーク式工程表に示された工事に関する次の記述のうち，**適切なもの**はどれか。ただし，図中のイベント間のA～Iは作業内容，日数は作業日数を表す。

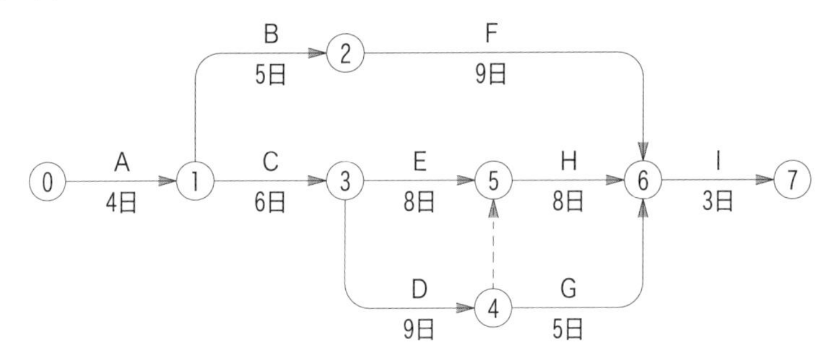

(1)　C工事を3日間，E工事とH工事を各2日間短縮したとき，この工事の所要日数は21日である。
(2)　この工事の所要日数は27日である。
(3)　クリティカルパスは⓪→①→③→④→⑤→⑥→⑦である。
(4)　C工事を3日間，E工事とH工事を各2日間短縮したときのクリティカルパスは，⓪→①→②→⑥→⑦である。

解説

2．ネットワーク手法（参考資料）（P64）を参照してください。

(2)，(3)の問いに対しては，出題の工程表の**最早開始時刻**と**最遅終了時刻**を計算します。

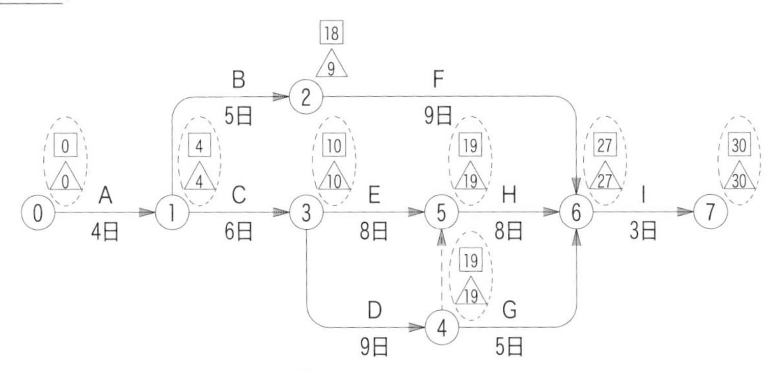

(2)　この工事の所要日数は，30日です。

(3)　クリティカルパスは，△と□内の数字が同じであるイベント番号をたどっていきます。下記のように，経路が2以上ある場合は，最も日数を要する経路がクリティカルパスとなります。

経路1：⓪→①→③→⑤→⑥→⑦
日数：A＋C＋E＋H＋I＝4日＋6日＋8日＋8日＋3日＝29日

経路2：⓪→①→③→④→⑤→⑥→⑦
日数：A＋C＋D＋H＋I＝4日＋6日＋9日＋8日＋3日＝30日（CP）

経路3：⓪→①→③→④→⑥→⑦
日数：A＋C＋D＋G＋I＝4日＋6日＋9日＋5日＋3日＝27日

したがって，クリティカルパスは，**経路2**の所要日数が30日の経路で，**⓪→①→③→④→⑤→⑥→⑦**となります。

⑴，⑷の問いに対しては，C 工事を 3 日間，E 工事と H 工事を各 2 日間短縮した場合の**最早開始時刻**と**最遅終了時刻**を計算します。

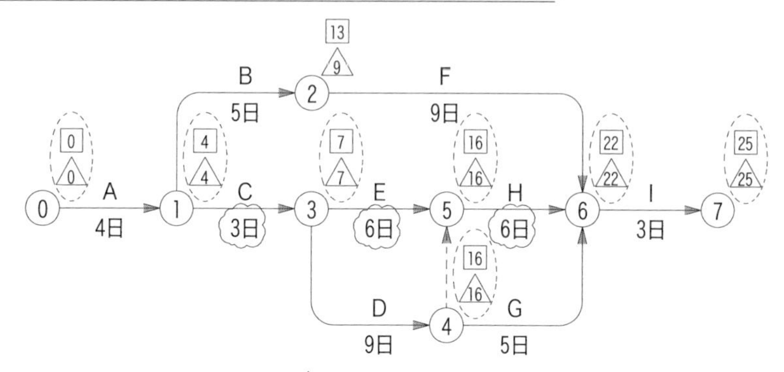

⑴　この工事の所要日数は，25日です。

⑷　上記⑶の解説を参照してください。

経路 1：⓪→①→③→⑤→⑥→⑦

日数：A＋C＋E＋H＋I＝4 日＋3 日＋6 日＋6 日＋3 日＝22 日

経路 2：⓪→①→③→④→⑤→⑥→⑦

日数：A＋C＋D＋H＋I＝4 日＋3 日＋9 日＋6 日＋3 日＝25 日（CP）

経路 3：⓪→①→③→④→⑥→⑦

日数：A＋C＋D＋G＋I＝4 日＋3 日＋9 日＋5 日＋3 日＝24 日

したがって，クリティカルパスは，**経路 2** の所要日数が 25 日の経路で，⓪→①→③→④→⑤→⑥→⑦となります。

以上のことから，**適切なもの**は⑶となります。

解答　⑶

5 安全対策

要点の整理と理解

1. 現場管理における安全対策

安全対策を着実に実施するには，従来の安全対策に加えて，施工者の自覚や連携，**施工時における安全確認**が重要です。また，事故や災害の発生時には，直ちに**応急措置および関係機関への連絡を行う**とともに，適切な措置を講じて事故の拡大を防ぎます。発注者及び施工者は，速やかにその事故の原因を調査し，類似の事故が発生しないように措置を講じます。

理解しよう！

現場管理における安全対策の主な留意事項	
現場の維持管理	・工事は，施工計画に基づき進めるとともに，現場の状況及び作業内容の状態をよく把握して，現場を適切に維持管理する。 ・現場に搬入される建設機械が，施工計画に基づいて選定された機種，規格，組合せであること及び適正な整備状況等であることを確認する。
施工管理体制，指揮命令系統	・現場管理にあたっては，施工管理体制，指揮命令系統を工事関係者に明確にする。また，作業が輻輳する場合は，相互の作業内容に関して連絡調整を行い，関係作業員に周知する。 ・隣接工事をともなう場合は，隣接工事を含む関係機関との連絡体制を確立する。

安全対策に関する内容は，当然と思われる内容も多いです。

現場管理における安全対策の主な留意事項	
工事関係者の安全教育	・安全管理者等は，定期的又は随時に，建設機械，作業環境等について，新たな知識の習得と専門的能力の向上に努める。 ・就業前には，関係作業員に対し，現場の状況に関する情報を与えるとともに，従事する作業に関する安全について教育及び指導する。 ・作業開始前には，関係作業員に対し，安全事項について教育及び指導する。また，建設機械の配置，作業場所，作業方法などに大幅な変更が生じた場合は，それについて教育及び指導する。
現場管理に関する要員確保	・建設機械施工にあたっては，施工計画に基づき必要な要員を確保し，作業内容，作業場所等に応じて，適切に配置する。 ・建設機械の取扱いにあたっては，当該機械等に関する知識，技術及び資格を有する要員を確保する。
安全巡視	・工事期間中は安全巡視を行い，工事区域及びその周辺を監視する。また，施工条件に変化が生じた場合は，速やかにその状況を調査し安全対策を見直す。
臨機の措置	・工事中に不測の事態が発生した場合は，緊急通報体制に基づき通報するとともに，避難，救助，事態の拡大防止及び二次災害防止等適切な措置を講ずる。

2．建設機械を用いた作業での安全確認

作業	主な安全確認事項
土砂オープンカット（バックホウ掘削）	・作業時はシートベルトを着用する。 ・路肩，傾斜地の掘削時は，機械の転落，転倒防止のため誘導員を配置し，法肩部は土堰堤（つちえんてい）を設ける。

作業	主な安全確認事項
土砂オープンカット（バックホウ掘削）	・のり面に浮き石が出ている場合は，作業の開始前に取り除く。 ・地下掘削の場合，クローラは非常の際に退避出来るように法面直角とする。 ・急斜面での掘削は重機足場を重機幅の 1.5 倍以上確保する。 ・立入禁止範囲を明示する。 ・斜面に据付けるときは，斜面に盛土等をして車体を水平にする。 ・機体の尻を浮かせて掘削しない。 ・掘削中に旋回したり，旋回力を利用して土の埋戻しや均しをしない。 ・オペレータがキャブを出る時等，機械による作業を中断する場合，（油圧ロックレバー装着車は）油圧ロックレバーを倒しロックをかける。 ・降車時は「キー」を抜く。 ・掘削作業半径内で作業員が作業するときは，旗を立て，誘導員を配置する。 ・重機に近付くときは，合図をし運転者の了解を得る。 ・重機作業範囲から無線機で連絡合図を行う。
高盛土工の敷均し作業（ブルドーザ）	・実作業前に機械廻りの安全を確認する。 ・狭い走路では路肩への近付き過ぎを禁止する。 ・足廻りに偏荷重をかけないようにする。 ・法肩の明示をする。 ・工事用車両等は明示する旗や回転灯を取付ける。 ・誘導員の誘導は、運転席側で、旗・笛で行う。 （無線機を使用した方が良い） ・立入禁止措置の徹底。 ・作業中の周囲の確認。 ・バックブザーの使用

作業	主な安全確認事項
高盛土工の転圧作業（ローラ）	・法肩等の安全を確認する。 ・ローラの運転者以外に作業員を乗せない。 ・転圧作業に入る前に必ず周囲の安全を確認する。 ・危険な場合は誘導員を配置する（一定合図確認）。 ・ローラでの転圧は，法肩から１ｍ以上離し法面と平行な方向で行う。 ・作業箇所の下部に人が立入らないように，バリケード等で立入禁止とし，落下石防護用堰堤を設ける。 ・降りる時は「キー」を抜く。 ・作業終了時は終業点検を行う。 ・歯止めは確実に実施する。
路盤工の敷均し作業（モータグレーダ）	・重機との接触に注意する。 ・誘導員が運転者の死角に入っていないか確認する。 ・カーブの際のリーニングによる巻込みに注意する。 ・誘導員を配置する。 ・機械の稼動範囲内への作業員立入りを禁止する。
ダンプトラックへの積込み作業（バックホウ積込み）	・作業半径内の立入りを禁止する。 ・運転席のドアは必ず閉めて作業する。 ・作業時はシートベルトを着用する。 ・ダンプトラックに積込む場合は，運転席からでなく，荷台の後方から旋回して積込む。 ・偏荷重が生じないように積載する。 ・エンジンをかけたまま運転席を離れない。 ・降りる時は，作業装置を地上に降し「キー」を抜く。

建設機械を使用する場合の内容ですので，
同じような内容も多いです。

3. 建設機械の使用・管理

建設機械の使用・管理	
機械の使用・取扱い	・機械の使用にあたっては，機械の能力を超えて使用しない。また，機械の主たる用途以外の使用及び安全装置を解除して使用しない。 ・建設機械の使用･取扱いにあたっては，定められた有資格者を選任し，これを表示する。 ・作業開始前に，作業内容，手順，機械の配置等を工事関係者に周知徹底する。 ・仮設電気設備の設置，撤去及び維持管理にあたっては，電気設備に関する関係法令を遵守する。
組立，分解又は解体の留意事項	・建設機械の組立，分解，解体作業の開始前に，作業指揮者を指名する。また，日時，場所，作業手順，安全対策等について打合せを行い，関係作業員へ周知徹底する。 ・組立，分解又は解体作業中は，常に機械の安定性，安全性を確認する。 ・作業指揮者は指示された手順通り行われているか確認する。 ・特殊な機械や新型の機械を扱う場合は，事前に指導員と打合せを行い，必要に応じ立合いのうえ作業を進める。
休止時の取扱い	・移動式の機械を休止させておく場合は，地盤の良い場所に水平に止め，作業装置を安定した状態に保持する。 ・原動機を止め，全ての安全装置をかけ，キーを所定の場所に保管する。
適正な維持管理	・建設機械は，現場搬入時の点検，作業前点検，定期自主検査を行い，結果を記録しておく。また，不具合箇所は，速やかに措置を講ずる。 ・建設機械の点検設備においては，作業の安全を確保するための必要な措置を講ずる。 ・建設機械に付随する工具，ロープ等の機材の点検整備を行い，常に正常な状態に保持する。

4. 熱中症予防対策に関する費用

工事積算における熱中症対策に関する費用には，以下に示すように**共通仮設費（現場環境改善費の避暑（熱中症予防））**と，熱中症対策に資する**現場管理費の補正**があります。

熱中症対策に関する費用		
共通仮設費（現場環境改善費の避暑（熱中症予防））	現場環境の改善（安全関係）に要する費用として，主に現場の施設や設備に対する熱中症対策費用。	遮光ネット，大型扇風機，送風機，製氷機，日除けテント，ミストファン，休息車の配置などが該当する。
現場管理費の補正（熱中症対策）	工事現場の安全（熱中症）対策に要する費用として，主に作業員個人に対する熱中症対策費用。	塩飴，経口保水液等効果的な飲料水，空調服，熱中症対策キットなどが該当する。

5. 作業環境への配慮

高温多湿な作業環境下での必要な措置
① 作業場所に応じて，熱を遮ることのできる遮蔽物等，簡易な屋根等，適度な通風または冷房を行うための設備を設け，WBGT（暑さ指数）の低減に努める。
② 作業場所には飲料水の備え付け等を行う。
③ 近隣に冷房を備えた休憩場所または日陰等の涼しい休憩場所を設ける。
④ 身体を適度に冷やすことのできる物品及び施設を設ける。
⑤ 作業の休止および休憩時間を確保し連続する作業時間を短縮する。
⑥ 計画的に熱への順化期間を設け，作業前後の水分，塩分の摂取及び透湿性や通気性の良い服装の着用等を指導する。
⑦ 指導した内容の確認等を図るとともに必要な措置を講ずるための巡視を頻繁に行う。
⑧ 高温多湿な作業環境下で作業する作業員等の健康状態に留意する。

6．熱中症予防・応急措置

「熱中症」は，**高温多湿な環境下**において，体内の水分及び塩分（ナトリウムなど）のバランスが崩れり，**循環調節や体温調節などの体内の重要な調整機能が破綻する**などして発症する障害の総称です。

熱中症が疑われた場合の現場での応急措置	
涼しい環境への避難	・風通しのよい日陰や，クーラーが効いている室内などに避難させる。
脱衣と冷却	・衣服を脱がせて体から熱の放散を助けるとともに，露出させた皮膚に水をかけて，うちわや扇風機などで扇ぐことにより体を冷やす。 ・皮膚の直下をゆっくり流れている血液を冷やすことも有効である。 ・体温の冷却はできるだけ早く行う必要があり，救急車を要請した場合も，その到着前から冷却を開始する。
水分，塩分の補給	・応答が明瞭で意識がはっきりしている場合は，冷たい飲料水を自分で摂取してもらう。 ・冷たい飲料水は胃の表面から体の熱を奪い，同時に脱水の補正も可能である。 ・大量の発汗があった場合は，汗で失われた塩分も適切に補える経口補水液などが最適で，食塩水（水１ℓに１～２ｇの食塩）も有効である。
医療機関へ搬送	・自力で水分の摂取ができない場合は，点滴で補う必要があるので，緊急で医療機関に搬送することを最優先で行う。

試験によく出る問題

建設工事の現場管理における安全対策に関する次の①～③の記述においてA～Dに当てはまる語句の組合せとして次のうち，**適切なもの**はどれか。

① 工事は安全対策を含む施工計画に基づき進めるとともに，現場の状況および（A）をよく把握することで，安全対策を適切に実施することができる。
② （B），（C）を明確にしたうえで，工事関係者と情報を共有する体制を確立することで，安全対策を適切に実施することができる。
③ 建設機械を用いる作業の（D）には，関係作業員に対して，従事する作業に関する安全衛生について教育・指導を行う。

	（A）	（B）	（C）	（D）
(1)	工程の進捗状況	請負契約内容	指揮命令系統	開始後
(2)	作業内容の状態	施工管理体制	指揮命令系統	開始前
(3)	作業内容の状態	請負契約内容	契約工期	開始後
(4)	工程の進捗状況	施工管理体制	契約工期	開始前

解説

1．現場管理における安全対策（P77）を参照してください。

① 工事は**安全対策を含む施工計画**に基づき進めるとともに，施工者が**現場の状況**や**作業内容の状態**をよく把握し，現場を**適切に維持管理**することで，安全対策を適切に実施することができます。
② 施工者は，**施工管理体制**，**指揮命令系統を工事関係者に明確**にしたうえで，工事関係者と**情報を共有する体制を確立**することで，安全対策を適切に実施することができます。
③ 安全衛生管理者等は，建設機械等を用いる**関係作業員**に対して，**作業の開始前**に現場の状況に関する情報を与えるとともに，作業に関する**安全衛生についての教育，指導**を行います。

安全衛生管理者の主な職務内容
① 労働者の危険又は健康障害を防止するための措置を講ずる。
② 労働者の安全又は衛生のための教育を実施する。
③ 健康診断の実施その他健康の保持増進のための措置を講ずる。
④ 労働災害の原因の調査及び再発防止対策を講ずる。
⑤ 労働災害を防止するため必要な業務を実施する。

以上のことから，**（A）作業内容の状態**，**（B）施工管理体制**，**（C）指揮命令系統**，**（D）開始前**の組合せとなり，(2)が適切なものです。

解答 (2)

問題46

建設機械施工における事故対応に関する次の記述のうち，**適切でないもの**はどれか。

⑴　事故を起こした者は，人命を第一に考え，周囲に救助を求めたうえで，工事の責任者に報告する。

⑵　事故の知らせを受けた責任者は，関係機関に対し，事故現場の応急復旧を行ったうえで第一報の報告を行う。

⑶　責任者は，事故の応急措置にあたるとともに，事故の原因を調査し，類似事故の再発防止について検討する。

⑷　建設機械の使用中における事故で，その原因が不明な場合は，その使用を中止する。

解説

1．現場管理における安全対策（P77）を参照してください。

⑴　事故を起こした者は，人命を第一に考えて**周囲に救助を求める**など，救助を落ち着いて適切に行い，その後，**工事の責任者に報告**します。

⑵　事故の知らせを受けた責任者は，まず**関係機関への第一報の報告を行います**。その後二次災害の防止のための応急復旧を行います。

⑶　責任者は，事故の応急措置にあたるとともに，建設機械施工により発生した**事故の再発防止を図る**ため，速やかにその**原因を調査**し，類似の**事故が発生しないように措置**を講じます。

⑷　建設機械の使用中に発生した事故で**原因が不明な場合**は，その建設機械の**使用を中止**します。

解答　⑵

問題47

建設機械を用いた道路土工の作業での安全確保に関する次の記述のうち，**適切でないもの**はどれか。

⑴　ブルドーザなどによる高盛土工の敷ならし作業では，ポールやトラロープなどで法肩の位置を明示する。

⑵　バックホウによる土砂のオープンカット作業では，法肩の崩壊時に退避できるようクローラの向きを道路縦断方向に直角とする。

⑶　モータグレーダによる路盤材料の敷ならし作業では，カーブの際にリーニングによる巻込みに注意する。

⑷　ローラによる盛土路肩部の転圧作業は，機体を道路縦断方向に向け，ロール端を路肩端部に合わせて行う。

解説

2．建設機械を用いた作業での安全確認（P78）を参照してください。

⑴　**路肩，法肩等の転落のおそれがある場所**で作業する場合には，法肩に近寄り過ぎないようにポールやトラロープなどで**法肩の位置を明示**し，誘導員や監視員を置いて慎重に作業します。

なお，道路においては**15m 程度以上の盛土高さ**に対して**高盛土**とされています。小段の高さとしては５ m 程度が一般的であるため，３段程度以上の道路盛土を高盛土とみなされる場合が多いです。

⑵　バックホウによる土砂のオープンカット作業では，**法肩の崩壊時に退避できる**ようクローラの向きを**道路縦断方向に直角（法面直角）**とします。

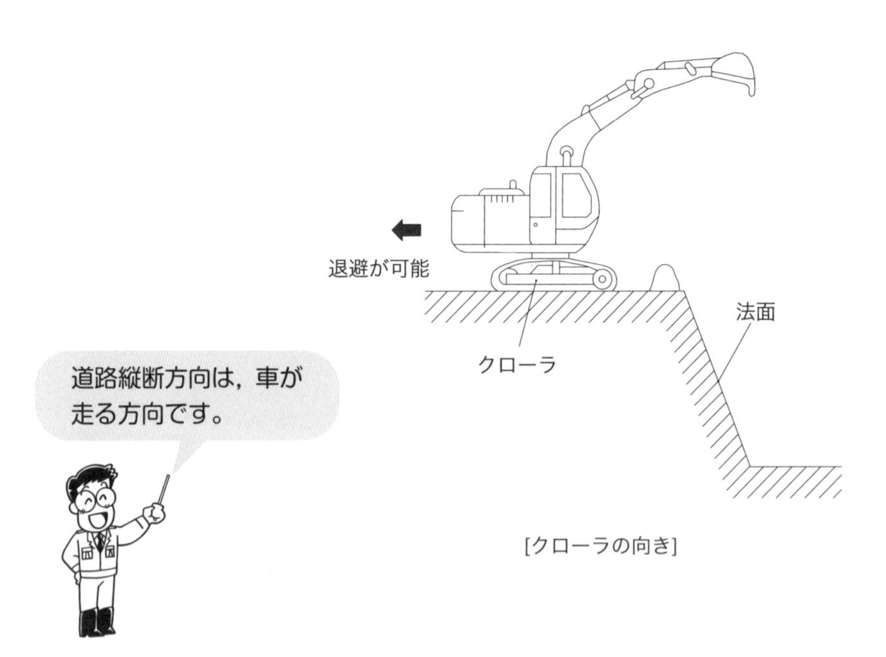

[クローラの向き]

(3) モータグレーダによる路盤材料の敷ならし作業では，**カーブの際の**リーニング（前輪が左右に傾斜できる機構）による**巻込み**に注意します。

(4) ローラによる**盛土部の端部や路肩**の作業は，滑落や転落のリスクを伴う恐れがあるので，ローラでの転圧は，**法肩から１ｍ以上離し**法面と平行な方向で行います。

解答 (4)

問題48

建設機械施工における安全確保に関する次の記述のうち，**適切でないもの**はどれか。

(1) のり面の締固め作業は，監視員を置き，下方で作業する者に注意しながら行う。

(2) 積込み作業で，重量の大きな岩石等を積み込む場合は，荷台の重心が偏らないようにする。

(3) 掘削作業で，のり面に浮き石が出ている場合は，作業の開始前に取り除いておく。

(4) 建設機械の使用中に事故が発生し，その原因が不明な場合は機械の使用を中止する。

解 説

２．建設機械を用いた作業での安全確認（P78）を参照してください。

(1) のり面の締固め作業中は，**作業箇所の下部に人が立入らない**ように，バリケード等で立入禁止とします。また，作業時には監視員を配置します。

(2) 積込み作業において，重量の大きな岩石等を積み込む場合は，**荷台の重心が偏らない**ように積載します。

(3) 掘削作業で**浮き石等により危険が生じる**恐れがある場合は，作業の開始前に取り除いておきます。

(4) 問題46 の 解 説 (4)を参照してください。

解答 (1)

問題49

建設機械の安全な取扱いに関する次の記述のうち，**適切でないもの**はどれか。

⑴ 移動式クレーン等のブームの長さや角度によって作業能力が変化する機械は，その特性を理解して取り扱う。
⑵ 機械の分解・組立作業では，あらかじめ指名した作業指揮者の指揮命令により作業を行う。
⑶ 作業機械の運転者は，当該機械休止時のエンジンキーの管理責任者にはなれない。
⑷ 建設機械に付属する工具やロープなどの機材の点検・整備を行い，常に正常な状態に保つ。

解説

3．建設機械の使用・管理（P81）を参照してください。
⑴ 建設機械の**使用**にあたっては，施工条件に十分留意して計画し，安全性を心掛けます。移動式クレーン等は，**ブームの長さや角度によって作業能力が変化**するので，余裕をもった安全な機種を選定するとともに，その**特性を理解**して取り扱います。
⑵ 建設機械の**分解・組立作業**において，作業開始前に指名した**作業指揮者の指揮命令**により作業を行い，作業指揮者は，指示された**手順通り行われているか確認**します。
⑶ **作業機械の運転者**は，当該機械休止時に原動機を止め，**全ての安全装置をかけ**，**エンジンキーの管理責任者**として，キーを所定の場所に保管します。
⑷ 建設機械の点検設備においては，作業の安全を確保するための必要な措置を講ずるとともに，機械に**付属する工具やロープなどの機材の点検・整備**を行い，常に**正常な状態**に保ちます。

解答 ⑶

問題50 出る

建設機械の使用時の安全上の配慮に関する次の記述のうち，**適切でないもの**はどれか。
⑴ 賃貸機械を使用するときは，法定検査記録の控え，取扱説明書や貸出時の点検表などの書面により，規格に適合し，適正な整備がなされたことを確認する。
⑵ 杭打ち機などの基礎工事用の機械で施工するときは，複合操作によりできるだけ短時間で行う。

(3) クレーン機能を備えたバックホウを使用するときは，旋回で発生する吊り荷の遠心力による転倒に対する防止措置を講じる。
(4) 高所作業車の操作は，作業床の高さに応じた有資格者の中から指名された者が行う。

解 説

(1) 賃貸機械を使用する際には，**法定検査記録の控え**，**取扱説明書**や貸出時の**点検表**などの書面により，規格に適合していること，適正な整備がなされたことを確認する。

賃貸機械の使用する際の留意点
① 点検整備状況，使用者の資格等を確認する。
② 機械性能等の関係者等への周知，運転者と関係作業員との意志疎通の確保に努める。
③ 使用機械が日々変わる場合は，機体の整備状況，安全装置の装備，その正常動作を適宜確認する。

(2) 機械の操作で，走行，旋回，巻上げ，起伏などを同時に行う複合操作は，転倒やワイヤロープの切断など，事故の危険性があるので，原則として**同時操作は行いません**。
(3) **クレーン機能付バックホウ**の使用にあたっては，旋回で発生する吊り荷の**遠心力による転倒**に対する防止措置を講じます。

クレーン機能付バックホウの使用時の留意点
① 車両系建設機械構造規格及び移動式クレーン構造規格を充足するものを用いる。
② つり荷による遠心力や衝撃荷重及び強風等による倒壊、転倒、逸走防止の措置を講ずる。

(4) 高所作業車の操作は，**作業床の高さに応じた有資格者**の中から指名したものが行うとともに，**使用責任者名を本体に明示**します。

高所作業車の適合性確認と遵守事項
① 高所作業車の使用にあたっては，高所作業車の機能と能力が作業内容と現場の状況から適切であることを確認する。

② 高所作業車の操作は，作業床の高さに応じた有資格者の中から指名したものが行うとともに，使用責任者名を本体に明示する。
③ 高所作業車の使用にあたっては，施工条件，作業内容，機種の特徴及び使用にあたっての遵守事項等を考慮し，転倒，転落，挟まれ等を防止する措置を講ずる。

解答 (2)

問題51

建設工事における熱中症予防および熱中症の疑いがある場合の応急措置に関する次の記述のうち，**適切でないもの**はどれか。

(1) 国土交通省では，発注工事の予定価格の積算において，熱中症予防に係る経費を現場環境改善費の中で計上している。
(2) 自分で水分の摂取ができないときは，医療機関へ搬送することを最優先で行う。
(3) 暑さ指数（WBGT 値）の計測器を現場職長が携帯するなどして，熱中症の危険度を監視する。
(4) 自覚症状の有無にかかわらず定期的に水分を摂取し，塩分はできるだけ採らないようにする。

解 説

(1) **4．熱中症予防対策に関する費用**（P82）を参照してください。
発注工事の予定価格の積算においては，熱中症予防に係る経費を**現場環境改善費**の中で計上しています。
(2) **6．熱中症予防・応急措置**（P83）を参照してください。
自力で水分の摂取ができない場合は，点滴で補う必要があるので，**緊急で医療機関に搬送**することを最優先で行います。

熱中症対策の心得
・水分・塩分補給を心掛ける。
・作業環境を改善する。
・ファン付き作業服，対策グッズを活用する。
・休憩時間の設定を見直す。

(3) 高温多湿で熱中症の発生の恐れがある作業環境下では，現場職長が**暑さ指数（WBGT 値）の計測器**を携帯するなど，**熱中症の危険度を監視**します。なお，**暑さ指数（WBGT 値）**とは，人間の熱バランスに影響の大きい「気温」「湿度」「輻射熱」の３つを取り入れた温度の指標です。

熱中症の危険度を判断する数値として活用され，**基準値を超える**恐れがある場合は，熱中症にかかる可能性が高くなります。

身体作業強度等に応じた WBGT 基準値

区分	身体作業強度(代謝率レベル)	WBGT 基準値			
		熱に順化している人(℃)		熱に順化していない人(℃)	
0　安静	・安静	33		32	
1　低代謝率	・楽な座位　・立位 ・軽い手作業 ・少しの歩き（速さ 3.5km/h）	30		29	
2　中程度代謝率	・くぎ打ち，盛土　・鋳造 ・トラクター及び建設車両 ・軽量な荷車や手押し車 ・3.5～5.5km/h の速さで歩く	28		26	
3　高代謝率	・強度の腕と胴体の作業 ・重い材料を運ぶ　・草刈り ・のこぎりをひく　・掘る ・CB を積む ・5.5～7.5km/h の速さで歩く	気流を感じないとき 25	気流を感じるとき 26	気流を感じないとき 22	気流を感じるとき 23
4　極高代謝率	・最大速度の速さでとても激しい活動，階段を登る，走る	23	25	18	20

(4) **6．熱中症予防・応急措置**（P83）を参照してください。

建設工事における熱中症予防として，自覚症状の有無にかかわらず定期的に**水分を摂取**し，**塩分はできるだけ採る**ようにします。

解答 (4)

建設工事で安全管理を行う者が実施する熱中症予防対策に関する次の記述のうち，**適切でないもの**はどれか。

⑴　労働者に対して,あらかじめ熱中症の予防方法などの労働衛生教育を行う。

⑵　労働者に対して，脱水症を防止するため，塩分の摂取を控えるように指導する。

⑶　労働者に透湿性および通気性のよい服装をさせ，建設現場の近隣に冷房を備えた休憩場所を設ける。

⑷　高温多湿の作業場所では，労働者が連続して行う作業時間を短縮する。

解 説

⑴　安全管理を行う者は，**工事関係者の安全教育**として，あらかじめ熱中症の予防方法などの労働衛生教育を行います。

⑵　問題51 の 解 説 ⑷を参照してください。

労働者に対して，脱水症を防止するため，定期的に**水分を摂取**し，**塩分はできるだけ採る**ように指導します。

⑶　**５．作業環境への配慮**（P82）を参照してください。

作業前後の水分，塩分の摂取及び**透湿性や通気性の良い服装の着用**等を指導するとともに，**近隣に冷房を備えた休憩場所**を設けます。

⑷　**５．作業環境への配慮**（P82）を参照してください。

高温多湿の作業場所では，作業の休止および休憩時間を確保し**連続する作業時間を短縮**します。

解答　⑵

6 建設工事公衆災害防止対策

要点の整理と理解

1. 交通対策

作業場の区分	
項	概　要
1.	施工者は，土木工事を施工するに当たって作業し，材料を集積し，又は建設機械を置く等工事のために使用する区域（以下「作業場」という。）を周囲から明確に区分し，この区域以外の場所を使用してはならない。
2.	施工者は，公衆が誤って作業場に立ち入ることのないよう，固定柵又はこれに類する工作物を設置しなければならない。ただし，その工作物に代わる既設の塀，柵等があり，その塀，柵等が境界を明らかにして，公衆が誤って立ち入ることを防止する目的にかなうものである場合には，その塀，柵等をもって代えることができるものとする。 　また，移動を伴う道路維持修繕工事，除草工事，軽易な埋設工事等において，移動柵，道路標識，標示板，保安灯，セイフティコーン等で十分安全が確保される場合には，これをもって代えることができるものとする。但し，その場合には飛散等によって周辺に危害を及ぼさないよう，必要な防護措置を講じなければならない。
3.	前項の柵等は，その作業場を周囲から明確に区分し，公衆の安全を図るものであって，作業環境と使用目的によって構造及び設置方法を決定すべきものであるが，公衆の通行が禁止されていることが明らかにわかるものであることや，通行者（自動車等を含む。）の視界が確保されていること，風等により転倒しないものでなければならない。

柵の規格・寸法	
項	概　要
1.	固定柵の高さは1.2m以上とし，通行者（自動車等を含む。）の視界を妨げないようにする必要がある場合は，柵の上の部分を金網等で張り，見通しをよくするものとする。

2.	移動柵は，高さ 0.8m 以上 1m 以下，長さ 1m 以上 1.5m 以下で，支柱の上端に幅 15cm 程度の横板を取り付けてあるものを標準とし，公衆の通行が禁止されていることが明らかに分かるものであって，かつ，容易に転倒しないものでなければならない。また，移動柵の高さが 1m 以上となる場合は，金網等を張り付けるものとする。

移動柵の設置及び撤去方法	
項	概　要
1.	施工者は，移動柵を連続して設置する場合には，原則として移動柵の長さを超えるような間隔を開けてはならず，かつ，移動柵間には保安灯又はセイフティコーンを置き，作業場の範囲を明確にしなければならない。
2.	施工者は，移動柵を屈曲して設置する場合には，その部分は間隔を開けてはならない。また，交通流に対面する部分に移動柵を設置する場合は，原則としてすりつけ区間を設け，かつ，間隔を開けないようにしなければならない。
3.	施工者は，歩行者及び自転車が移動柵に沿って通行する部分の移動柵の設置に当たっては，移動柵の間隔を開けないようにし，又は移動柵の間に安全ロープ等を張って，すき間のないよう措置しなければならない。
4.	施工者は，移動柵の設置及び撤去に当たっては，交通の流れを妨げないよう行わなければならない。

道路上（近接）工事における措置	
項	概　要
1.	施工者は，道路上において又は道路に接して土木工事を夜間施工する場合には，道路上又は道路に接する部分に設置した柵等に沿って，高さ１ｍ程度のもので夜間 150m 前方から視認できる光度を有する保安灯を設置しなければならない。
2.	施工者は，道路上において又は道路に近接して杭打機その他の高さの高い工事用建設機械若しくは構造物を設置しておく場合又は工事のため一般の交通にとって危険が予想される箇所がある場合においては，それらを白色照明灯で照明し，それらの所在が容易に確認できるようにしなければならない。

3．施工者は，道路上において又は道路に接して土木工事を施工する場合には，工事を予告する道路標識，標示板等を，工事箇所の前方 50m から 500m の間の路側又は中央帯のうち視認しやすい箇所に設置しなければならない。

　また，交通量の特に多い道路上においては，遠方からでも工事箇所が確認でき，安全な走行が確保されるよう，道路標識及び保安灯の設置に加えて，作業場の交通流に対面する場所に工事中であることを示す標示板（原則として内部照明式）を設置し，必要に応じて夜間 200m 前方から視認できる光度を有する回転式か点滅式の黄色又は赤色の注意灯を，当該標示板に近接した位置に設置しなければならない（なお，当該標示板等を設置する箇所に近接して，高い工事用構造物等があるときは，これに標示板等を設置することができる）。

4．施工者は，道路上において土木工事を施工する場合には，道路管理者及び所轄警察署長の指示を受け，作業場出入口等に原則，交通誘導警備員を配置し，道路標識，保安灯，セイフティコーン又は矢印板を設置する等，常に交通の流れを阻害しないよう努めなければならない。

一般交通を制限する場合の措置	
項	概　要
1．発注者及び施工者は，やむを得ず通行を制限する必要のある場合においては，道路管理者及び所轄警察署長の指示に従うものとし，特に指示のない場合は，次の各号に掲げるところを標準とする。 一．制限した後の道路の車線が１車線となる場合にあっては，その車道幅員は３ｍ以上とし，２車線となる場合にあっては，その車道幅員は 5.5m 以上とする。 二．制限した後の道路の車線が１車線となる場合で，それを往復の交互交通の用に供する場合においては，その制限区間はできる限り短くし，その前後で交通が渋滞することのないよう原則，交通誘導警備員を配置しなければならない。	
2．発注者及び施工者は，土木工事のために，一般の交通を迂回させる必要がある場合においては，道路管理者及び所轄警察署長の指示するところに従い，まわり道の入口及び要所に運転者又は通行者に見やすい案内用標示板等を設置し，運転者又は通行者が容易にまわり道を通過し得るようにしなければならない。	
3．発注者及び施工者は，土木工事の車両が交通に支障を起こすおそれがある場合には，関係機関と協議を行い，必要な措置を講じなければならない。	

2. 使用する建設機械に関する措置

建設機械の使用及び移動	
項	概　要
1.	施工者は，建設機械を使用するに当たり，定められた用途以外に使用してはならない。また，建設機械の能力を十分に把握・検討し，その能力を超えて使用してはならない。
2.	施工者は，建設機械を作動する範囲を，原則として作業場内としなければならない。やむを得ず作業場外で使用する場合には，作業範囲内への立入りを制限する等の措置を講じなければならない。
3.	施工者は，建設機械を使用する場合には，作業範囲，作業条件を十分考慮の上，建設機械が転倒しないように，その地盤の水平度，支持耐力を調整するなどの措置を講じなければならない。 特に，高い支柱等のある建設機械は，地盤の傾斜角に応じて転倒の危険性が高まるので，常に水平に近い状態で使用できる環境を整えるとともに，作業の開始前後及び作業中において傾斜計測するなど，必要な措置を講じなければならない。
4.	施工者は，建設機械の移動及び作業時には，あらかじめ作業規則を定め，工事関係者に周知徹底を図るとともに，路肩，傾斜地等で作業を行う場合や後退時等には転倒や転落を防止するため，交通誘導警備員を配置し，その者に誘導させなければならない。 また，公道における架空線等上空施設の損傷事故を回避するため，現場の出入り口等に高さ制限装置を設置する等により，アームや荷台・ブームの下げ忘れの防止に努めなければならない。

架線・構造物等に近接した作業	
項	概　要
1.	施工者は，架線，構造物等若しくは作業場の境界に近接して，又はやむを得ず作業場の外に出て建設機械を操作する場合においては，接触のおそれがある物件の位置が明確に分かるようマーキング等を行った上で，歯止めの設置，ブームの回転に対するストッパーの使用，近接電線に対する絶縁材の装着，交通誘導警備員の配置等必要な措置を講じるとともに作業員等に確実に伝達しなければならない。

2.	施工者は特に高圧電線等の重要な架線，構造物に近接した工事を行う場合は，これらの措置に加え，センサー等によって危険性を検知する技術の活用に努めるものとする。

建設機械の休止	
項	概　要
1.	施工者は，可動式の建設機械を休止させておく場合には，傾斜のない堅固な地盤の上に置くとともに，運転者が当然行うべき措置を講ずるほか，次の各号に掲げる措置を講じなければならない。 一．ブームを有する建設機械については，そのブームを最も安定した位置に固定するとともに，そのブームに自重以外の荷重がかからないようにすること。 二．ウインチ等のワイヤー，フック等の吊り下げ部分については，それらの吊り下げ部分を固定し，ワイヤーに適度の張りをもたせておくこと。 三．ブルドーザ等の排土板等については，地面又は堅固な台上に定着させておくこと。 四．車輪又は履帯を有する建設機械については，歯止め等を適切な箇所に施し，逸走防止に努めること。

建設機械の点検・維持管理	
項	概　要
1.	施工者は，建設機械の維持管理に当たっては，各部分の異常の有無について定期的に自主検査を行い，その結果を記録しておかなければならない。なお，持込み建設機械を使用する場合は，公衆災害防止の観点から，必要な点検整備がなされた建設機械であることを確認すること。また，施工者は，建設機械の運転等が，法に定められた資格を有し，かつ，指名を受けた者により，定められた手順に従って行われていることを確認しなければならない。
2.	施工者は，建設機械の安全装置が十分に機能を発揮できるように，常に点検及び整備をしておくとともに，安全装置を切って，建設機械を使用してはならない。

3. 埋設物

埋設物の事前確認	
項	概　要
1．	発注者は，作業場，工事用の通路及び作業場に近接した地域にある埋設物について，埋設物の管理者の協力を得て，位置，規格，構造及び埋設年次を調査し，その結果に基づき埋設物の管理者及び関係機関と協議確認の上，設計図書にその埋設物の保安に必要な措置を記載して施工者に明示するよう努めなければならない。
2．	発注者又は施工者は，土木工事を施工しようとするときは，施工に先立ち，埋設物の管理者等が保管する台帳と設計図面を照らし合わせて位置（平面・深さ）を確認した上で，細心の注意のもとで試掘等を行い，その埋設物の種類，位置（平面・深さ），規格，構造等を原則として目視により確認しなければならない。ただし，埋設物管理者の保有する情報により当該項目の情報があらかじめ特定できる場合や，学会その他で技術的に認められた方法及び基準に基づく探査によって確認した場合はこの限りではない。
3．	発注者又は施工者は，試掘等によって埋設物を確認した場合においては，その位置（平面・深さ）や周辺地質の状況等の情報を道路管理者及び埋設物の管理者に報告しなければならない。この場合，深さについては、原則として標高によって表示しておくものとする。
4．	施工者は，工事施工中において，管理者の不明な埋設物を発見した場合，必要に応じて専門家の立ち会いを求め埋設物に関する調査を再度行い，安全を確認した後に措置しなければならない。

埋設物の保安維持等	
項	概　要
1．	発注者又は施工者は，埋設物に近接して土木工事を施工する場合には，あらかじめその埋設物の管理者及び関係機関と協議し，関係法令等に従い，埋設物の防護方法，立会の有無，緊急時の連絡先及びその方法，保安上の措置の実施区分等を決定するものとする。 　また，埋設物の位置（平面・深さ），物件の名称，保安上の必要事項，管理者の連絡先等を記載した標示板を取り付ける等により明確に認識できるように工夫するとともに，工事関係者等に確実に伝達しなければならない。
2．	施工者は，露出した埋設物がすでに破損していた場合においては，直ちに発注者及びその埋設物の管理者に連絡し，修理等の措置を求めなければならない。

3．施工者は，露出した埋設物が埋め戻した後において破損するおそれのある場合には，発注者及び埋設物の管理者と協議の上，適切な措置を行うことを求め，工事終了後の事故防止について十分注意しなければならない。
4．施工者は，第１項の規定に基づく点検等の措置を行う場合において，埋設物の位置が掘削床付け面より高い等通常の作業位置からの点検等が困難な場合には，あらかじめ発注者及びその埋設物管理者と協議の上，点検等のための通路を設置しなければならない。
　ただし，作業のための通路が点検のための通路として十分利用可能な場合にはこの限りではない。

4．土工事

土留工の管理	
項	概　要
1．	施工者は，土留工を設置してある間は，常時点検を行い，土留用部材の変形，その緊結部のゆるみ，掘削底面からの湧水，盤ぶくれ等の早期発見に努力し，事故防止に努めなければならない。
2．	施工者は，常時点検を行った上で，必要に応じて測定計器を使用して，土留工に作用する土圧，変位等を測定し，定期的に地下水位，地盤の沈下又は移動を観測・記録するものとする。地盤の隆起，沈下等異常が認められたときは作業を中止し，埋設物の管理者等に連絡し，原因の調査及び保全上の措置を講ずるとともに，その旨を発注者その他関係者に通知しなければならない。

地下水位低下工法	
項	概　要
1．	発注者又は施工者は，地下水位低下工法を用いる場合は，地下水位，可能水位低下深度，水位低下による周辺の井戸及び公共用水域等への影響並びに周辺地盤，構造物等の沈下に与える影響を十分検討，把握しなければならない。
2．	施工者は，地下水位低下工法の施工期間を通して，計画の地下水位を保つために揚水量の監視，揚水設備の保守管理及び工事の安全な実施に必要な施工管理を十分行わなければならない。特に必要以上の揚水をしてはならない。
3．	施工者は，揚水した地下水の処理については，周辺地域への迷惑とならないように注意しなければならない。 　なお，排水の方法等については，「排水の処理」の規定によらなければならない。

地盤改良工事	
項	概　要
1．	施工者は，地盤改良工法を用いる場合において，土質改良添加剤の運搬及び保管並びに地盤への投入及び混合に際しては，周辺への飛散，流出等により周辺環境を損なうことのないようシートや覆土等の処置を講じなければならない。
2．	施工者は，危険物に指定される土質改良添加剤を用いる場合においては，公衆へ迷惑を及ぼすことのないよう，関係法令等の定めるところにより必要な手続きを取らなければならない。
3．	施工者は，地盤改良工事に当たっては，近接地盤の隆起や側方変位を測定し，周辺に危害を及ぼすような地盤の変状が認められた場合は作業を中止し，発注者と協議の上，原因の調査及び保全上の措置を講じなければならない。

試験によく出る問題

問題53

道路上の工事における建設工事公衆災害防止対策として，施工者が行うべき措置に関する次の記述のうち，**適切でないもの**はどれか。

(1)　工事中を示す標示板は，設置箇所に工事用の高い構造物がある場合はこれに取り付けることができる。

(2)　夜間施工では，道路上に設置した柵などに沿って50m前方から視認できる光度の保安灯を高さ１m程度に設置する。

(3)　交通量が多い道路では，標識や保安灯のほかに，工事中を示す標示板を設置する場合がある。

(4)　工事を予告する標識などを設置する場合は，工事箇所の前方50～500mの視認しやすい箇所に設置する。

解 説

1．**交通対策，「道路上（近接）工事における措置」**（P94）を参照してください。

(1)　**標示板等を設置する箇所に近接して，高い工事用構造物等があるとき**は，これに標示板等を設置することができます。

(2)　**夜間施工する場合**，道路上に設置した柵等に沿って**高さ１m程度**のもので**夜間 150m 前方から視認**できる光度を有する**保安灯を設置**します。

(3) **交通量の特に多い道路上**で工事を施工する場合，遠方からでも工事箇所が確認でき，安全な走行が確保されるよう，**道路標識及び保安灯の設置に加えて**，作業場の交通流に対面する場所に**工事中であること示す標示板(原則として内部照明式)を設置**します。

(4) **工事を予告する道路標識，標示板等を設置**する場合は，工事箇所の**前方 50m～500m の間**の路側又は中央帯のうち視認しやすい箇所に設置します。

交通対策は，自動車の運転をイメージすると，内容を把握しやすいです。

解答　(2)

問題54

道路上の工事における建設工事公衆災害防止対策として，施工者が行うべき措置に関する次の記述のうち，**適切でないもの**はどれか。

(1) 一般の交通を迂回させる場合は，道路管理者および所轄警察署長の指示に従い，まわり道の入り口および要所に運転者または通行者に見やすい案内表示板等を設置する。

(2) 夜間，道路上において杭打ち機などの高さの高い建設機械を設置しておく場合は，白色照明灯で照らすなど，所在が容易に確認できるようにする。

(3) 1車線に規制し往復の交互交通で一般車両を通行させる場合は，交通の整流化を図るため，規制区間をできるだけ長くする。

(4) 道路上に材料または機械類をやむを得ず置く場合は，作業場を周囲から明確に区分し，公衆が誤って立ち入らないように固定さく等の工作物を設置する。

解説

1．**交通対策**（P93）を参照してください。

(1) **「一般交通を制限する場合の措置」**（P95）を参照してください。

一般の交通を迂回させる必要がある場合は，まわり道の入口及び要所に，運転者又は通行者に見やすい**案内用標示板等を設置**します。

⑵　**「道路上（近接）工事における措置」**（P94）を参照してください。

道路上において，**杭打機その他の高さの高い工事用建設機械**や構造物を設置しておく場合は，それらを**白色照明灯で照明**します。

⑶　**「一般交通を制限する場合の措置」**（P95）を参照してください。

制限した後の道路の**車線が１車線となる場合**で，それを**往復の交互交通**の用に供する場合は，その**規制区間をできる限り短く**します。

⑷　**「作業場の区分」**（P93）を参照してください。

工事のために使用する区域（**作業場）を周囲から明確に区分**し，公衆が誤って作業場に立ち入ることのないように**固定柵を設置**します。

解答　⑶

問題55 

道路上の工事における建設工事公衆災害防止対策として，施工者が行うべき措置に関する次の記述のうち，**適切でないもの**はどれか。

⑴　作業する区域を区分する固定柵は高さ 1.2m 以上で通行者，通行車両の視界を妨げないものとし，風等により転倒しないものでなければならない。

⑵　工事のために規制後の車線数が１車線となる場合は，車道幅員は最低３ m 以上，２車線となる場合には，最低 5.5m 以上とする。

⑶　作業区域を移動柵により区分するときの移動柵の設置は，交通流の下流から上流に向けて行い，撤去は設置と逆向きに行うことを原則とする。

⑷　歩行者通路と接する車道部分との境に，必要に応じて移動柵を設置する場合は，その間隔を開けずに設置するか，移動柵の間に安全ロープ等を張るようにする。

解 説

１．交通対策（P93）を参照してください。

⑴　**「柵の規格・寸法」**（P93）を参照してください。

固定柵の高さは**1.2m 以上**とし，通行者（自動車等を含む。）の視界を妨げないようにする必要がある場合は，**柵の上の部分を金網等**で張り，見通しをよくします。

⑵　**「一般交通を制限する場合の措置」**（P95）を参照してください。

制限した後の道路の車線が**１車線**となる場合は，その車道幅員は**３ m 以**

上とし，**2車線**となる場合は，その車道幅員は**5.5m以上**とします。

車道の幅員
1車線：3m以上，2車線：5.5m以上
が一般的です。

⑶　**「移動柵の設置及び撤去方法」**（P94）を参照してください。

移動さくの設置及び撤去に当たっては，**交通の流れを妨げない**よう行います。したがって，設置は交通流の**上流から下流に向けて**行い，撤去は設置と逆向きに行うことを原則とします。

⑷　**「移動柵の設置及び撤去方法」**（P94）を参照してください。

歩行者及び自転車が移動柵に沿って通行する場合，移動柵はその**間隔をあけないように設置**します。或いは，**移動柵の間に安全ロープ等を張って**すき間のないよう措置します。

解答　⑶

建設機械施工における公衆災害防止対策に関する次の記述のうち，**適切でないもの**はどれか。

⑴　ブームなどの作業装置は，原則として作業場の外に出ないように施工する。

⑵　重心の高い建設機械は，必要な支持力を有する地盤上で，常に水平に近い状態で使用する。

⑶　掘削作業中に，すでに破損した埋設物を発見した場合は，修理をしたうえで埋設物の管理者に連絡する。

⑷　建設機械を休止しさせておく場合は，作業装置は地面や堅固な台上に確実に下ろしておく。

解説

2．使用する建設機械に関する措置（P96）を参照してください。

⑴　**「建設機械の使用及び移動」**（P96）を参照してください。

建設機械を作動する範囲は，原則として**作業場内**とします。やむを得ず作業場外で使用する場合は，作業範囲内への立入りを制限する等の措置を講じます。

⑵　**「建設機械の使用及び移動」**（P96）を参照してください。

建設機械を使用する場合は，建設機械が転倒しないように，その**地盤の水平度，支持耐力を調整**するなどの措置を講じます。特に，**高い支柱等のある建設機械**は，地盤の傾斜角に応じて転倒の危険性が高まるので，常に**水平に近い状態で使用**できる環境を整えます。

⑶　**３．埋設物，「埋設物の保安維持等」**（P98）を参照してください。

露出した**埋設物がすでに破損していた場合**は，**直ちに発注者及びその埋設物の管理者に連絡**し，修理等の措置を求めます。

破損した埋設物は修理より，
連絡・報告が優先です。

⑷　**「建設機械の休止」**（P97）を参照してください。

可動式の**建設機械を休止させておく場合**には，**傾斜のない堅固な地盤の上に置く**とともに，運転者が当然行うべき措置を講じます。

解答　⑶

建設機械施工における公衆災害防止対策に関する次の記述のうち，**適切でないもの**はどれか。

⑴　ブームなどの作業装置が作業場の外に出る場合は，通行する歩行者の頭上から２ｍ以上の離隔をとる。

⑵　架線に接触するおそれがある場合は，架線の位置が明確にわかるマーキング等を行う。

⑶　道路工事で，試掘等により埋設物を確認したときは，その位置等を埋設物管理者および道路管理者等に報告する。

⑷　建設機械の維持管理にあたっては，定期的に自主検査を行い，その結果を記録しておく。

解説

２．使用する建設機械に関する措置（P96）を参照してください。

(1) **問題56** の 解説 (1)を参照してください。

ブームなどの作業装置が**作業場の外に出る**場合は，**作業範囲内への立入りを制限**する等の措置を講じます。

(2) **「架線・構造物等に近接した作業」**（P96）を参照してください。

架線に近接して，建設機械を操作する場合は，接触のおそれがある物件の**位置が明確に分かるようマーキング等**を行います。

(3) **３．埋設物，「埋設物の事前確認」**（P98）を参照してください。

埋設物を確認した場合は，その**位置（平面・深さ）や周辺地質の状況等**の情報を**道路管理者**及び**埋設物の管理者に報告**します。

(4) **「建設機械の点検・維持管理」**（P97）を参照してください。

建設機械の維持管理にあたっては，各部分の異常の有無について定期的に自主検査を行い，その結果を記録しておきます。

解答 (1)

問題58 出る 出る 出る

土工工事における公衆災害防止対策に関する次の記述のうち，**適切でないもの**はどれか。

(1) 土留工を設置した場合は，常時点検に加えて必要に応じて測定機器により土留工の作用土圧や変位を測定する。
(2) 補助工法として地下水位低下工法を用いる場合は，周辺の井戸への影響や周辺地盤の隆起に注意する。
(3) 補助工法として地盤改良工法を用いる場合は，周辺に危害が出るような近接地盤の隆起や側方変位に注意する。
(4) 市街地での掘削工事では，種々の埋設物の工事によって，地盤が入れ替えられていることもあるため，事前調査を十分に行う。

解説

４．土工事（P99）を参照してください。

(1) **「土留工の管理」**（P99）を参照してください。

土留工を設置してある間は**常時点検**を行った上で，必要に応じて測定計器を使用して，土留工に作用する**土圧や変位等を測定**します。また，定期的に地下水位，地盤の沈下又は移動を**観測・記録**します。

⑵　**「地下水位低下工法」**（P99）を参照してください。

補助工法として**地下水位低下工法**を用いる場合は，**水位低下による周辺の井戸や公共用水域等への影響**，**周辺地盤や構造物等の沈下に与える影響**を十分検討，把握しなければなりません。

⑶　**「地盤改良工事」**（P100）を参照してください。

地盤改良工事にあたっては，**近接地盤の隆起や側方変位を測定**し，周辺に危害を及ぼすような地盤の変状が認められた場合は作業を中止します。

・地下水位低下工法→地盤の沈下
・地盤改良工法→地盤の隆起
が覚えるポイントです。

⑷　掘削工事を行う場合においては，既存の資料等により工事区域の**土質状況を確認**するとともに，必要な**土質調査**を事前に行います。

解答　⑵

架空線など上空施設および地下埋設物の近くでの工事における留意点に関する次の記述のうち，**適切でないもの**はどれか。

⑴　埋設物が予想される場合は，設計図書における地下埋設物に関する条件明示内容を把握する。

⑵　工事の施工中に，管理者が不明な埋設物を発見した場合は，保安措置を講じながら直ちに掘り起こして保管したあと，発注者に報告する。

⑶　建設機械の作業装置などにより，架空線との接触や切断などの可能性がある場合は，架空線への防護カバー設置などの保安措置を行う。

⑷　架空線に近接して工事を行う場合は，架空線と機械，工具，材料などについて安全な離隔を確保する。

解説

(1) **3．埋設物，「埋設物の事前確認」**（P98）を参照してください。

埋設物が予想される場合は，設計図書などの関係資料と照合させて埋設物情報を必ず確認し，**埋設物に関する条件明示内容を把握**します。

(2) **3．埋設物，「埋設物の事前確認」**（P98）を参照してください。

工事施工中において，管理者の不明な埋設物を発見した場合，必要に応じて**専門家の立ち会いを求め**埋設物に関する**調査を再度行い，安全を確認した後に措置**します。

(3) **2．使用する建設機械に関する措置，「架線・構造物等に近接した作業」**（P96）を参照してください。

建設機械の作業装置などにより，架空線との接触や切断などの可能性がある場合は，**架空線への防護カバー設置**などの**必要な保安措置**を講じます。

(4) **2．使用する建設機械に関する措置，「架線・構造物等に近接した作業」**（P96）を参照してください。

架空線に近接して工事を行う場合は，**安全な離隔（66000V：4m，6000V：2m）を確保**します。

解答 (2)

7 品質管理の基本事項

要点の整理と理解

1. 品質管理と品質特性

品質管理とは，完成したものが要求されている品質であるかどうかを，各種の試験や検査によって調べ，品質の**粗悪なものが施工された場合**は，**工事を一時中断**し原因究明を行って，不良品の措置と不良品発生の予防を行うことです。また，品質を満足するためには何を管理の対象項目とするかを決定する必要があり，これを**品質特性**といいます。品質特性を選定する場合は次の点に留意する必要があります。

理解しよう！

品質特性を選定する場合の主な留意点
① 工程の状態を総合的に表すことができ，品質に重要な影響を及ぼすものを選定する。
② 工程に対して処置がとりやすく，早期に結果が判定できるものを選定する。また，測定し易い特性であること。
③ 最終品質に重大な影響を及ぼす要因については，できるだけ詳細かつ具体的な作業標準を決めておく。
④ データの分析確認は，工程能力図やヒストグラムで確認した後，管理図により工程が安定しているかを確かめる。
⑤ 品質標準では，ばらつきの度合いを考慮して余裕を持った品質を目標とする。
⑥ 品質特性として代用特性を用いる場合は，目的としている品質特性と関係が明らかなものとする。

2. 品質管理における品質特性と試験方法

品質特性と主な試験方法

工　種	対　象	品質特性	試験方法
土工・路盤工	盛土・路盤の材料	最大乾燥密度・最適含水比	突固めによる土の締固め試験
		粒度	粒度試験（ふるい分析，沈降分析）
		自然含水比	含水比試験
	盛土・路盤の支持力	締固め度，飽和度，空気間隙率	密度試験
		地盤係数（支持力値）	平板載荷試験
		現場 CBR	CBR 試験
コンクリート工	骨材	粒度	ふるい分け試験
		表面水量	表面水率試験
	コンクリート	スランプ（コンシステンシー）	スランプ試験
		空気量	空気量試験
		混合割合	洗い分析試験
アスファルト舗装工	アスファルト	針入度	針入度試験
	舗設現場	安定度	マーシャル安定度試験
		舗装厚さ，密度（締固め度）	コア採取による測定
		平坦性	平坦性試験

3. 盛土の締固めの品質管理

盛土の締固め規定の方式には，品質規定方式と工法規定方式の２つの方式があります。工事規模，土質条件などの現場状況を考慮して選定します。

締固め規定の方式

方式	品質規定方式	工法規定方式
説明	発注者が盛土に必要な品質を仕様書に明示し，締固めの方法については受注者（施工者）にゆだねる方式。	締固めに使用する機械の機種，締固め回数，盛土材料の敷ならしなどを仕様書で定めて規定する方式。
種類	・基準試験の最大乾燥密度，最適含水比を利用する方法 ・空気間隙率または飽和度を施工含水比で規定する方法 ・締固めた土の強度，変形特性を規定する方法	・締固め機械の走行記録をもとに管理する方法 ・締固め機械の稼働時間の記録をもとに管理する方法

・土に関連→品質規定
・建設機械に関連→工法規定
をポイントに覚えるとよいです。

4．情報化施工による施工管理

情報化施工に関する主な用語

用語	概　要
TS(トータルステーション)	１台の器械で角度(鉛直角・水平角)と距離を同時測定できる電子式測距測角儀で，移動する締固め機械の位置座標を正確に測定する自動追尾式を標準とする。
TS 締固め管理システム	基準局（座標既知点），移動局（締固め機械側），管理局（現場事務所等）で構成される TS を用いた盛土の締固め管理を行うシステム。
GNSS	GPS(米)，GLONASS(露)，GALILEO(EU)，QZSS(日)など，人工衛星を利用した測位システム。

GNSS 締固め管理システム	基準局（座標既知点），移動局（締固め機械側），管理局（現場事務所等）で構成される GNSS を用いた盛土の締固め管理を行うシステム。
MG（マシンガイダンス）	建設機械に搭載する情報化施工機器（GNSS や自動追尾式 TS）により，建設機械の作業装置位置と設計位置（目標位置）との関係を表示するシステムで，オペレータはこの情報を確認しながら建設機械を操作する。
MC（マシンコントロール）	建設機械に搭載する情報化施工機器（GNSS や自動追尾式 TS）により，建設機械の作業装置位置と設計位置（目標位置）をもとに，排土板等を自動的に制御するシステム。
ICT 建設機械	建設機械の作業装置位置の３次元座標を取得することができる 3DMC，3DMG および TS・GNSS 締固め管理システムを搭載した建設機械。
締固め回数管理システム	締固め機械を追跡し，あらかじめ定められた管理ブロックごとに走行軌跡情報に基づいて，転圧回数や施工層厚状況の色分け分布図を作成してモニタに表示することで，適切な作業位置等を誘導する MG システム。
締固め度管理システム	締固め機械に設置された加速度計からコンピュータで振動波形を解析したデータと，あらかじめ実施した転圧試験結果の波形特性との相関データとを比較し，現在の締固め度を推定してモニタ表示にすることで，適切な作業位置等を誘導する MG システム。

・ガイダンス→案内
・コントロール→自動的に制御
をポイントに覚えるとよいです。

試験によく出る問題

品質管理に関する次の記述のうち，**適切でないもの**はどれか。

⑴　品質特性は，工程に対して処置をとりやすい特性で，早期に結果がわかるものを選定する。

⑵　品質特性の管理項目は，設計図書などに定められた構造物の品質に影響の少ないものから選定する。

⑶　最終品質に重大な影響を及ぼす要因については，できるだけ詳細かつ具体的に作業標準を決めておく。

⑷　品質標準では，設計値を満たすような品質を実現するため，ばらつきの度合いを考慮して余裕を持った品質を目標としなければならない。

解　説

1．**品質管理と品質特性**（P108）を参照してください。

⑴　品質特性は，工程に対して**処置がとりやすく**，**早期に結果が判定**できるものを選定します。

⑵　品質特性の管理項目は，設計図書などに定められた構造物の品質に**影響の大きいもの**から選定します。

⑶　品質標準を実現するために，作業ごとの材料，作業手順，作業方法等を詳細に決定したものが**作業標準**です。最終品質に重大な影響を及ぼす要因については，できるだけ**詳細かつ具体的な作業標準**を決めておきます。

品質管理の流れ
品質特性の決定→品質標準の決定
→作業標準の決定→データの収集
→データの整理・分析→結果・対策
がポイントです。

⑷　品質標準では，所要の品質を実現するため，目標値を中心とした**多少のバラツキを考慮して余裕を持った目標値**を設定します。

解答　⑵

品質管理に関する次の記述のうち，**適切でないもの**はどれか。

(1) 品質管理を行う対象項目（品質特性）は，工程に対して処置がとりやすく，工事目的物全体の完成後に結果が判定できるものを選定する。

(2) 品質管理を行う対象項目（品質特性）は，工程の状態を総合的に表すことができ，品質に重要な影響を及ぼすものを選定する。

(3) 作業標準は，品質標準を実現するために，作業ごとの材料，作業手順，作業方法等をできるだけ詳細に決定したものである。

(4) データ分析確認は，採取したデータが十分ゆとりをもって品質規格を満足しているかを工程能力図やヒストグラムで確認した後，管理図により工程が安定しているかを確かめる。

解 説

1．品質管理と品質特性（P108）を参照してください。

(1) **品質特性**は，工程に対して処置がとりやすく，**工程に対して早期に結果が判定**できるものを選定します。

(2) **品質特性**は，工程の状態を総合的に表すことができ，設計品質に**大きな影響を及ぼすもの**を選定します。

(3) **問題60** の 解 説 (3)を参照してください。

(4) データの分析確認は，**工程能力図**や**ヒストグラム**で確認した後，**管理図**により工程が安定しているかを確かめます。

解答 (1)

品質管理に関する次の記述のうち，**適切でないもの**はどれか。

(1) 品質特性として代用特性を用いる場合は，目的としている品質特性と関係が明らかなものとする。

(2) 品質管理に用いられるヒストグラムは，品質の分布を表すのに使用され，規格値を記入することで，合否の割合や規格値に対する余裕の程度が判定できる。

(3) 品質標準は，施工に際して実現しようとする品質の目標であり，設計品質に対して余裕のある設定とする。

(4) 品質特性は，工程に対して処置をとりやすい特性で，完成後に結果がわかるものを選定する。

解 説

1．品質管理と品質特性（P108）を参照してください。

⑴　**代用特性**とは，要求される品質特性を直接測定することが困難な場合に，その代用として用いる他の品質特性をいいます。例えば，体重を直接，重量計で想定した重さが**真の特性**に対して，人の五感で評価される官能特性（見た目から基準値を超えているなど）が**代用特性**です。

品質特性として代用特性を用いる場合は，目的としている品質特性と**強い関連性があるもの**でなければなりません。

要求される品質特性を代用特性で対応できれば，作業の効率化が図れます。

⑵　ヒストグラムは，**ばらつきのあるデータ**を一定の範囲ごとに区分し，区分ごとに発生頻度を棒グラフに表したものです。データ分布の形をみたり，規格値との関係をみたりする場合に用いられ，**合否の割合**や**規格値に対する余裕の程度**が判定できます。

⑶　**問題60** の 解 説 ⑷を参照してください。

⑷　**問題61** の 解 説 ⑴を参照してください。

品質特性は，工程に対して処置がとりやすく，**早期に結果が判定できるもの**を選定します。

解答　⑷

品質管理における「工種」,「品質特性」および「試験方法」の組合せとして次のうち，**適切でないもの**はどれか。

（工種）　　（品質特性）　　（試験方法）

⑴　土工――――――――最大乾燥密度――――突固め試験

⑵　路盤工―――――――路盤材料の粒度―――ふるい分け試験

⑶　アスファルト舗装工――針入度――――――――マーシャル安定試験

⑷　コンクリート舗装工――コンシステンシー―――スランプ試験

解 説

2．品質管理における品質特性と試験方法（P109）を参照してください。

⑴ 盛土材料や路盤材料の**最大乾燥密度**を求める場合の試験には，突固めによる土の**締固め試験**が用いられます。

⑵ **路盤材料の粒度**を求める場合には，**ふるい分け試験**などの粒度試験を行います。

⑶ アスファルト舗装の**針入度**を求める場合は**針入度試験**を行います。**マーシャル安定試験**は**安定度**を求める場合に用いられます。

柔らかさ
・アスファルト→針入度
・コンクリート→コンシステンシー
（スランプ値）
がポイントです。

⑷ コンクリートの**コンシステンシー**（スランプ値）を求める場合には，**スランプ試験**が用いられます。

解答 ⑶

問題64

品質管理における「工種」，「品質特性」および「試験方法」の組合せとして次のうち，**適切なもの**はどれか。

	（工種）	（品質特性）	（試験方法）
⑴	土工	支持力	平板載荷試験
⑵	路盤工	締固め度	CBR 試験
⑶	コンクリート工	スランプ	圧縮強度試験
⑷	アスファルト舗装工	安定度	密度試験

解 説

2．品質管理における品質特性と試験方法（P109）を参照してください。

⑴ 土工事において，地盤の**支持力**を求める場合には，**平板載荷試験**が用いられます。

⑵ 路盤の**締固め度**を求める場合には，**密度試験（現場密度の測定）**を行います。なお，**CBR 試験**や**平板載荷試験**は，**支持力**を求める場合に用いられます。

⑶ **問題63** の 解 説 ⑷を参照してください。

フレッシュコンクリートの**スランプ値**を求める場合は，**スランプ試験**が用いられます。

⑷ **問題63** の 解 説 ⑶を参照してください。

路盤の**安定度**を求める場合には，**マーシャル安定試験**が用いられます。なお，**密度試験**は路盤の**締固め度**を求める場合の試験です。

解答 ⑴

以下の工種とその工種の品質特性及び試験方法に関する次の組合せのうち，**適切なもの**はどれか。

	（工種）	（品質特性）	（試験方法）
⑴	土工	最大乾燥密度	締固め試験
⑵	アスファルト舗装工	針入度	マーシャル安定度試験
⑶	コンクリート工	細骨材粒度	CBR 試験
⑷	路盤工	地盤係数	平坦性試験

解 説

2．品質管理における品質特性と試験方法（P109）を参照してください。

⑴ **問題63** の 解 説 ⑴を参照してください。

⑵ **問題63** の 解 説 ⑶を参照してください。

針入度を求める場合は，**針入度試験**が用いられます。

⑶ 細骨材の**粒度**を求める場合には，**ふるい分け試験**を行います。

⑷ 路盤の**地盤係数（支持力値）**を求める場合には，**平板載荷試験**が用いられます。**平坦性試験**は，路盤の**平坦性**を求める場合に行います。

解答 ⑴

土工における土の原位置試験に関する次の記述のうち，**適切でないもの**はどれか。

(1) 現場密度の試験は，盛土の品質管理のための土の締固め度，飽和度，空気間隙率などを求める試験である。

(2) ベーン試験は，軟弱な粘性土，シルトなどの地盤のせん断強さを求める試験である。

(3) ポータブルコーン貫入試験は，トラフィカビリティの判定のためのコーン指数を求める試験である。

(4) 現場透水試験は，盛土の品質管理のための自然含水比を求める試験である。

解 説

(1) 密度を測定する**現場密度の試験**は，盛土の品質管理の目的で，**土の締固め度，飽和度，空気間隙率**などを求めるために行われる試験です。

(2) **ベーン試験**は，原位置でロッドの先端に取り付けた**十字形のベーン（抵抗翼）**を地中に押し込み，これを回転させるときの抵抗値から**粘性土のせん断強さ**を求める試験です。軟弱な粘性土，シルトに対して，特に適用性が高いです。

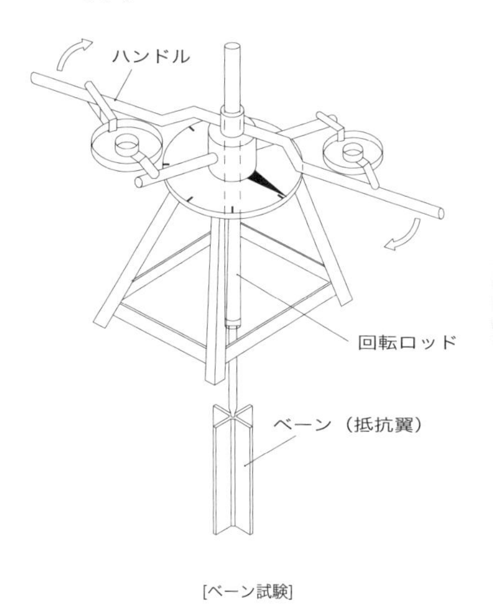

[ベーン試験]

ベーン試験→ベーンを回す。
コーン貫入→コーンを押し込む。
をイメージすると覚えやすいです。

(3) **ポータブルコーン貫入試験**は，原位置においてコーンを静的に**地面に押し込むときの貫入抵抗**から土層の硬軟，締り具合，構成を判定するための試験です。主に**トラフィカビリティ（建設機械の走行可能な度合い）の判定**のために行われる試験です。

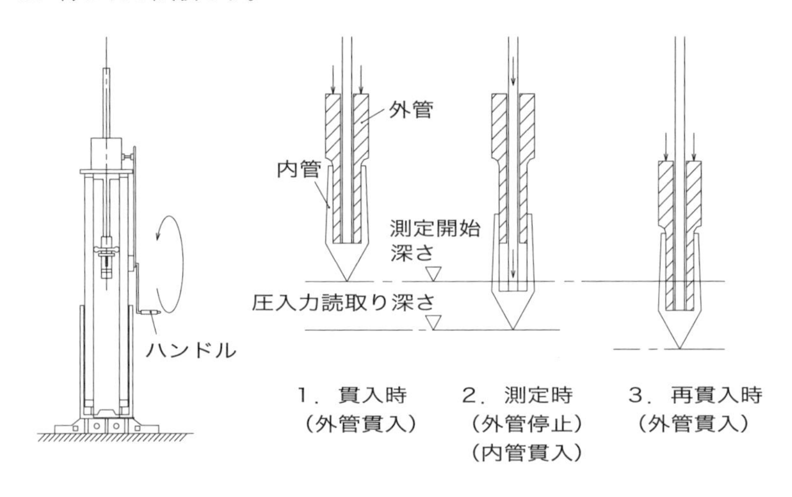

[ポータブルコーン貫入試験]

(4) **現場透水試験**は，地盤の**透水係数**を求める試験です。**自然含水比**を求める場合には，**含水比試験**を行います。

解答 (4)

盛土の締固めの品質管理に関する次の記述のうち，**適切でないもの**はどれか。

(1) 締固めに使用する機械の機種，締固め回数および盛土材料の敷ならし厚さなどを規定する方法は，品質規定方式である。

(2) TS（トータルステーション）やGNSS（GPS等）を用いて，締固め機械の走行記録をもとに管理する方法は，工法規定方式である。

(3) プルーフローリングにより締固め後の強度や変形を確認する方法は，品質規定方式である。

(4) タスクメータを用いて，締固め機械の稼働時間の記録をもとに管理する方法は，工法規定方式である。

解 説

3．盛土の締固めの品質管理（P109）を参照してください。

(1) **締固め機械の機種，締固め回数**，盛土材料の**敷ならし厚さ**などを規定する方法は，**工法規定方式**です。

(2) **締固め機械の走行記録**をもとに管理する方法は，**工法規定方式**です。

(3) プルーフローリング（締固め機能を有するローラ車などを走らせて点検）により締固め後の**土の強度や変形を確認**する方法は，**品質規定方式**です。

(4) タスクメータ（デジタル稼働記録装置）を用いて，**締固め機械の稼働時間の記録**をもとに管理する方法は，**工法規定方式**です。

解答 (1)

問題68

盛土の締固めの品質管理に関する次の記述のうち，**適切でないもの**はどれか。

(1) RI 計器により密度を管理する方法は，品質規定方式である。

(2) 締固めに使用する機種や締固め回数，盛土材料の敷ならし厚さなどを規定する方法は、工法規定方式である。

(3) TS・GNSS を用いて，締固め機械の走行記録をもとに管理する方法は，品質規定方式である。

(4) 締固め度などを規定する方法は，品質規定方式である。

解 説

3．盛土の締固めの品質管理（P109）を参照してください。

(1) RI 計器により**土の密度**を管理する方法は，**品質規定方式**です。なお，**RI 計器**は，微量の RI（放射性同位元素，ラジオアイソトープ）を利用して土中の湿潤密度（含水比）や含水量を測定する機器です。

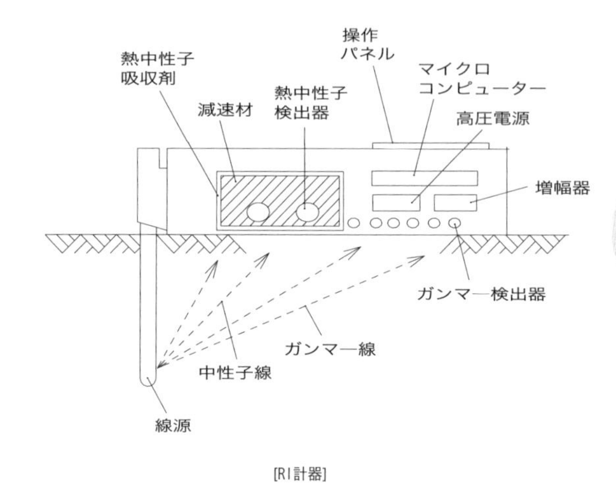

[RI計器]

中性子線→水分計測。
ガンマー線→密度計測

(2) **問題67** の 解 説 (1)を参照してください。

(3) **問題67** の 解 説 (2)を参照してください。

TS・GNSSを用いて，**締固め機械の走行記録**をもとに管理する方法は，**工法規定方式**です。従来の締固めた土の密度や含水比等を点的に測定する**品質規定方式**を**工法規定方式**にすることで，**品質の均一化**や**過転圧の防止**等に加え，締固め状況の早期把握による**工程短縮**が図れます。

(4) **問題67** の 解 説 (3)を参照してください。

締固め度などを規定する方法は，**品質規定方式**です。

解答 (3)

締固め管理における密度計測方法に関する次の記述のうち，**適切でないもの**はどれか。

(1) 砂置換法では，掘り出し跡の穴を，密度が既知の乾燥砂で置換することにより，掘り出した土の体積を知ることができる。

(2) ブロックサンプリングでは，掘り出した土塊（どかい）の体積を，パラフィンを湿布して液体に浸すなどにより直接測定する。

(3) RI密度計は，計測時間が短く精度が高いため，アスファルト混合物の密度管理に適している。

(4) RI密度計は，土の密度と水分を同時に測定できる。

解説

(1) **砂置換法**では，地盤にあけた穴に，あらかじめ**密度を正確に測定した乾燥砂**を満杯になるまで投入し，それに使用した砂の量を測定することで，**掘り出した土の体積**を知ることができます。また，乾燥砂と掘り出した土の体積が等しいことから，土の湿潤密度が計算できます。

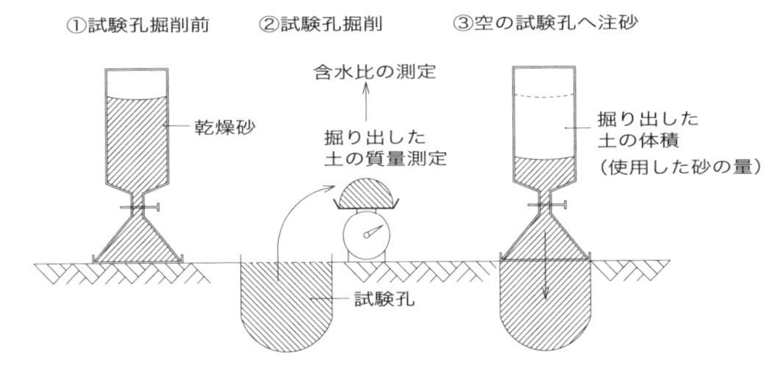

[砂置換法]

(2) **ブロックサンプリング**とは，スコップや移植ごてを用いた手掘り作業により，土を塊状のままの状態で地盤から切り出す，土の**乱さない試料の採取方法**です。掘り出した土塊の体積は，水に不溶なパラフィンを塗布して液体に浸すなどにより直接測定します。（パラフィン法）

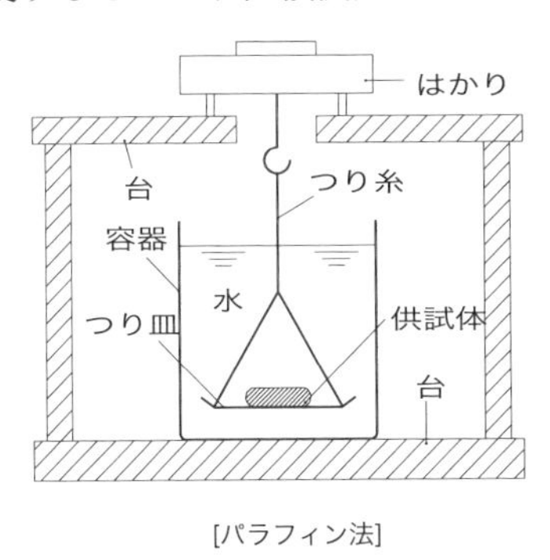

[パラフィン法]

代表的な土の体積測定方法として，ノギス法とパラフィン法があります。

(3) **問題68** の 解説 (1)を参照してください。

RI 密度計は，計測時間が短く精度が高いため，**土中の密度管理**に適しています。アスファルト混合物の密度（締固め度）管理は，コア抜き検査やアスファルト密度計などが用いられます。

(4) **問題68** の 解説 (1)を参照してください。

解答 (3)

問題70

情報化施工に関する次の記述のうち，**適切でないもの**はどれか。

(1) GNSSを用いた盛土の締固め管理システムは，締固め機械に装着したプリズムをTSにより追尾して，締固め機械の位置座標を計測する。

(2) MC（マシンコントロール）技術とは，GNSSや自動追尾式のTSなどにより，建設機械の作業装置の位置を計測し，作業装置を設計データに合わせて自動で制御する技術である。

(3) MG（マシンガイダンス）技術とは，GNSSや自動追尾式のTSなどにより，建設機械の作業装置の位置を計測し，設計データと計測値をモニタに比較して表示し，オペレータの運転操作を支援する技術である。

(4) TSやGNSSを用いた盛土の締固め管理システムでは，機械に搭載したモニタに計測した位置座標データ，転圧回数の分布図などを表示する。

解説

4．情報化施工による管理（P110）を参照してください。

(1) GNSSを用いた盛土の締固め管理システムは，締固め機械に搭載した**GNSS（全球測位衛星システム）アンテナ**により，締固め機械の位置座標を計測するシステムです。

(2) **MC（マシンコントロール）**技術とは，**作業装置を**設計データに合わせて**自動で制御**する技術です。

(3) **MG（マシンガイダンス）**技術とは，設計データと計測値を**モニタに比較して表示**し，オペレータの**運転操作を支援**する技術です。

(4) TSやGNSSを用いた盛土の締固め管理システムでは，機械に搭載したモニタに計測した**位置座標データ，転圧回数の分布図**などが表示されます。

解答 (1)

問題71

下記に示す，盛土の情報化施工における締固め回数管理システムに関する記述のA～Cの語句の組合せとして次のうち，**適切なもの**はどれか。

(A)あるいは自動追尾式トータルステーションにより，稼働している締固め機械の走行位置を計測・記録し，盛土面に設定した管理ブロックごとに走行軌跡情報に基づく(B)の色分け分布図を作成してリアルタイムに車載モニタに表示することで，盛土面全面にわたって必要な(B)を確保できるようオペレータの操作を支援する機能を備えたシステムである。本技術の効果の1つとしては，(C)が期待できる。

	(A)	(B)	(C)
(1)	RTK-GNSS	締固め時間	品質の均一化
(2)	IC タグ	締固め時間	出来形管理の効率化
(3)	IC タグ	締固め回数	出来形管理の効率化
(4)	RTK-GNSS	締固め回数	品質の均一化

解 説

4．情報化施工による管理（P110）を参照してください。

締固め回数管理システムとは，**RTK-GNSS** **あるいは自動追尾式 TS** により，稼働している締固め機械の走行位置を計測・記録し，盛土面に設定した**管理ブロックごとに**走行軌跡情報に基づく **締固め回数** **の色分け分布図**を作成してリアルタイムに**車載モニタに表示**することで，盛土面全面にわたって必要な **締固め回数** **を確保**できるようオペレータの操作を支援する機能を備えたシステムです。本技術の効果の1つとしては，**品質の均一化** が期待できます。

解答 (4)

トータルステーション（TS）や GNSS を用いた盛土の締固め管理に関する次の記述のうち，**適切でないもの**はどれか。

(1) 締固め回数の平面的な分布を，締固め機械に搭載したモニタ上に表示する。
(2) 現場での無線通信や GNSS の測位状態に障害がないことを，事前に確認する。
(3) 締固め回数の自動カウントにより，オペレータの負担を低減することができる。
(4) 締固め回数管理を確実に行えるため，締固め機械の走行速度を上げることができる。

解 説

(1) 締固め回数の平面的な分布が，締固め機械に搭載した**モニタ上に表示**されます。
(2) 現場での無線通信や **GNSS の測位状態に障害がない**ことを確認します。
(3) オペレータの**負担が低減**されます。
(4) 締固め回数管理を確実に行えるため，転圧不測の箇所や過度の転圧作業の発生を防ぎ，**均一な品質確保**が図られます。

解答 (4)

8 品質管理と図表

要点の整理と理解

1. 品質管理の用語と管理図表

主な品質管理の用語

用　語	概　要
品質特性	・要求事項に関連する対象に本来備わっている特性。設計品質を満足するための管理対象項目。 ・工程に対して処置がとりやすく，早期に結果が判定できるものを選定する。
代用特性	・要求される品質特性を直接測定することが困難な場合，同等または近似の評価として用いる他の品質特性。
品質標準	・施工に際して実行しようとする品質の目標値であり，ゆとりをもって満足するために実施可能な値。
ばらつき	・観測値・測定結果の大きさが揃っていないこと。または不揃いの程度。
標準偏差 σ （シグマ）	・平均値からのデータのばらつきの程度を表す指標。 ・データ数が多い場合，その分布状態は平均値を中心に左右対称の釣り鐘状態となり，この状態を「正規分布」という。
管理値	・所要の品質を確保できる範囲で，目標値を中心に多少のばらつきを考慮した余裕のある上限値と下限値。 ・正常や異常を判断する基準値となる。
ロット	・1つにまとめられた品物の集まり。
$\bar{x}$	・エックスバーと読み，データの平均値。
R	・レンジ：範囲。群の中の最大値と最小値の差。
その他	・平均値を表す線を中心線（CL）と呼び，管理限界線を$\pm 3\sigma$の距離に設け，上方管理限界（UCL），下方管理限界（LCL）と呼ぶ。（UCL＝平均値$+3\sigma$，LCL＝平均値-3σ）

主な管理図表

ヒストグラム	管理図
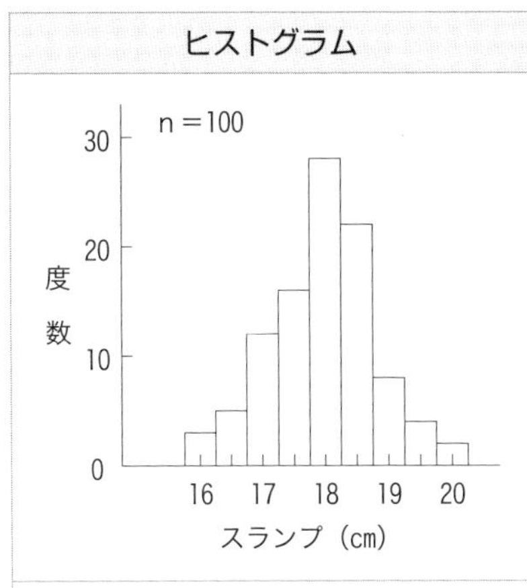	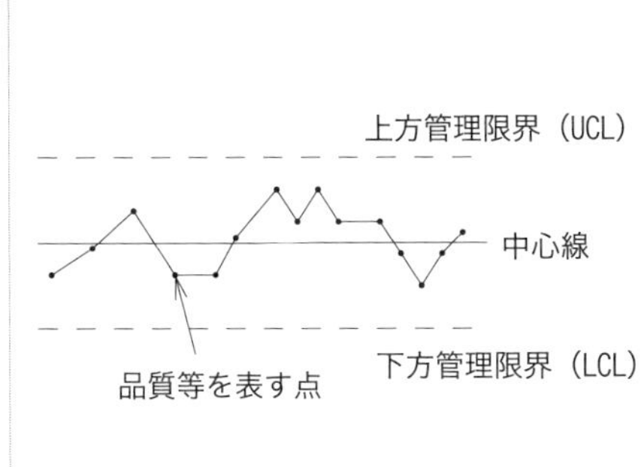
・ばらつきのあるデータを一定の範囲ごとに区分し，区分ごとに発生頻度を棒グラフに表したもの。 ・データ分布の形をみたり，規格値との関係をみたりする場合に用いる。	・工程が安定状態にあるかを調べるため，または工程を安定状態に保持するために用いる図。 ・折れ線グラフの中に異常を知るための中心線や管理限界線を記入する。

工程能力図

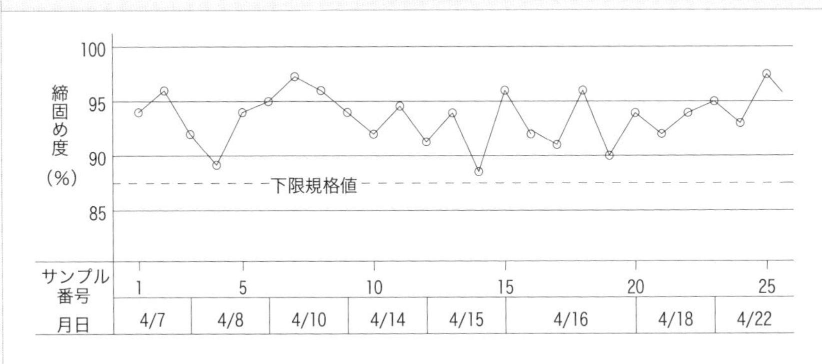

[工程能力図]

・時間的な品質変動の関係を表したもので，得られた品質の特定値が規格値を満足しているかを確認するのに用いられる。
・横軸にサンプル番号を，縦軸に特性値の目盛りをとったグラフで，工程に異常があるか否かの判断はできない。

2. ヒストグラムの見方

ヒストグラムは，規格の中心線を中央にして，**左右に離れるほど度数が減少する形**になります。ヒストグラムの多少の凹凸を無視すると，釣り鐘状の曲線が得られ，この曲線を**正規分布曲線**といい，品質管理を考える上で重要な曲線を示します。

理解しよう！

ヒストグラムの判断内容

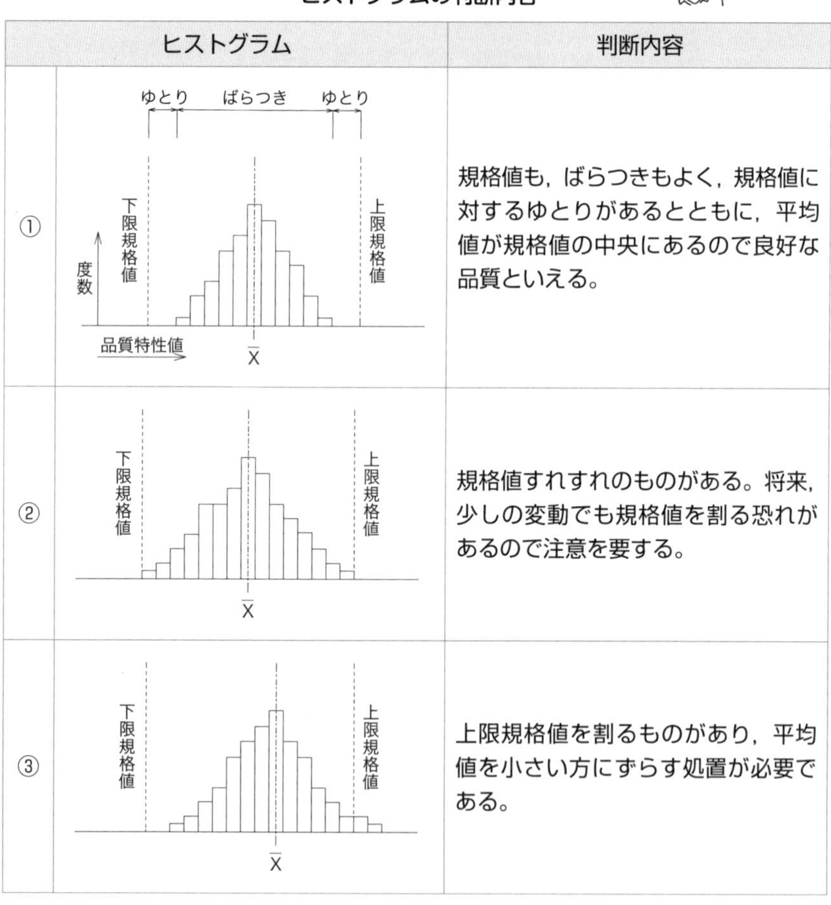

	ヒストグラム	判断内容
①		規格値も，ばらつきもよく，規格値に対するゆとりがあるとともに，平均値が規格値の中央にあるので良好な品質といえる。
②		規格値すれすれのものがある。将来，少しの変動でも規格値を割る恐れがあるので注意を要する。
③		上限規格値を割るものがあり，平均値を小さい方にずらす処置が必要である。

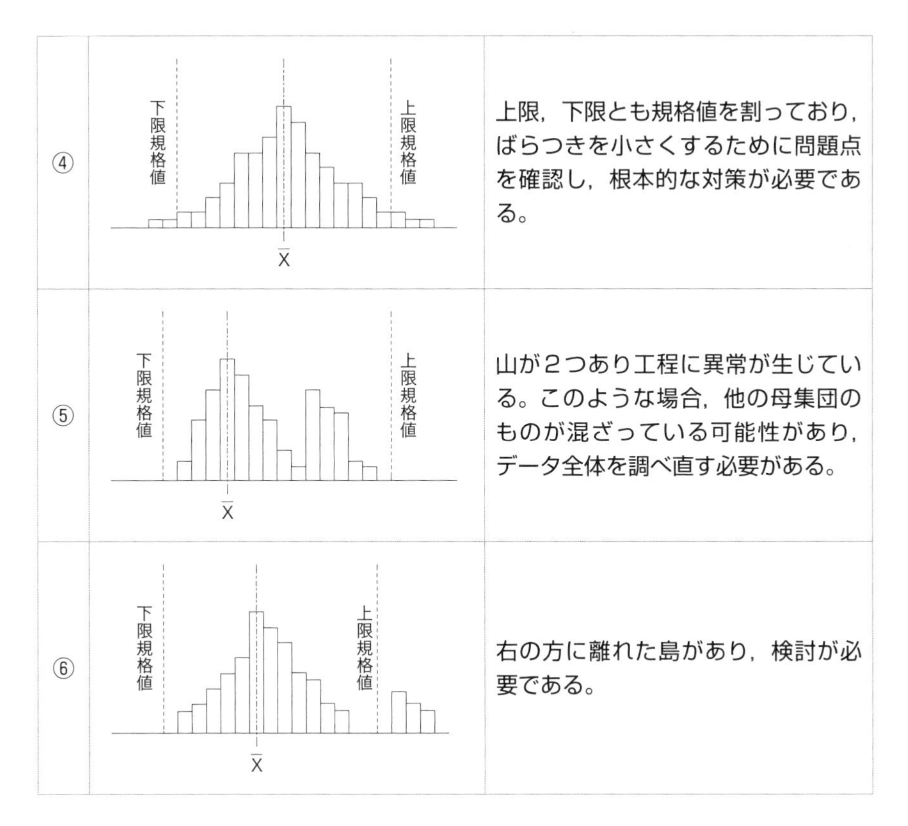

④	下限規格値 上限規格値 $\bar{X}$	上限，下限とも規格値を割っており，ばらつきを小さくするために問題点を確認し，根本的な対策が必要である。
⑤	下限規格値 上限規格値 $\bar{X}$	山が２つあり工程に異常が生じている。このような場合，他の母集団のものが混ざっている可能性があり，データ全体を調べ直す必要がある。
⑥	下限規格値 上限規格値 $\bar{X}$	右の方に離れた島があり，検討が必要である。

判断基準

- 上限，下限規格値に十分なゆとりがあるか。
- 上限，下限規格値のほぼ中央に平均値があるか。
- ヒストグラムの形に異常がないか。

試験によく出る問題

品質管理の用語と管理図表に関する次の記述のうち，**適切でないもの**はどれか。

(1) 品質標準は，設計図書に定められた規格を，ゆとりをもって満足するために，実施可能な値とし，一般には平均値とばらつきの許容範囲で設定する。
(2) 標準偏差とは，データのばらつきの程度を表す指標のひとつである。
(3) 工程能力図は，横軸にデータの値，縦軸にデータの個数をとったグラフである。
(4) $\overline{X}-R$ 管理図（平均値と範囲）は，工程の安定状態の判定方法として用いられる。

解 説

1．品質管理の用語と管理図表（P124）を参照してください。

(1) **品質標準**は，所要の品質を確保するため，実施可能な値を中心とし，**多少のばらつきを考慮した目標値**とします。一般的に，平均値とばらつきの許容範囲で設定します。
(2) **標準偏差**とは，平均値からのデータの**ばらつきの程度**を表す指標です。
(3) **工程能力図**は，**時間的な品質変動**の関係を表したもので，得られた品質の特定値が**規格値を満足しているかを確認**するのに用いられます。一般に，**横軸**に**サンプル番号**を，**縦軸**に**特性値の目盛り**をとったグラフです。

工程能力図は，図を参考にして，覚えておくとよいです。

(4) **管理図**は，工程の**安定状態の判定方法**として用いられます。

解答 (3)

問題74 出る 出る 出る

品質管理に関する次の記述のうち，**適切でないもの**はどれか。

(1)ヒストグラムは，品質管理における測定値のばらつきを把握する方法として多く用いられる統計手法である。
(2)管理値は，所要の品質を確保できる範囲において，目標値を中心に多少のばらつきを考慮した余裕のある上限値と下限値とする。

(3)品質管理を行う対象項目（品質特性）は，工程に対して処置がとりやすく，完成後に結果が判定できるものを選定する。

(4)ヒストグラムは，品質のデータの分布状態がひと目でわかる利点があるが，時間的変動の情報は把握できない。

解説

1．**品質管理の用語と管理図表**（P124）を参照してください。

(1) **ヒストグラム**は，ばらつきのあるデータを一定の範囲ごとに区分し，区分ごとに発生頻度を**棒グラフに表したもの**です。**測定値のばらつきを把握する方法**として多く用いられる統計手法です。

(2) 正常や異常を判断する**管理値**は，所要の品質を確保できる範囲で，目標値を中心に**多少のばらつきを考慮した**余裕のある上限値と下限値とします。

(3) **問題61**の解説(1)（P113）を参照してください。

品質特性は，工程に対して処置がとりやすく，工程において**早期に結果が判定できるもの**を選定します。

(4) **ヒストグラム**は，**規格に対する満足度**や**データの分布状態**を把握できますが，**時間的変動の情報は得られない**です。そのため，品質の時間的変動の情報を得る方法として，**工程能力図**が活用されます。

解答 (3)

品質管理に用いられる工程能力図に関する次の記述のうち，**適切でないもの**はどれか。

(1) 工程能力図の工程とは，工期工程とは異なり，品質が作り出される過程をいう。

(2) 施工中に得られた品質特性値が規格値を満足しているかどうかのチェックができる。

(3) 時間的な品質変動や傾向がわかる。

(4) 施工中に得られたデータに基づく管理限界線とその後のデータ（平均値とばらつきの範囲）を比較して，工程の異常の有無について直ちに判定できる。

解説

1．品質管理の用語と管理図表（P124）を参照してください。

⑴　工程能力図の工程は，工期工程とは異なり，**品質が作り出される過程**を示します。

⑵　点の並び方を調べることにより，施工中に得られた**品質特性値が規格値を満足しているか**を確認することができます。

⑶　**問題74** の〔解説〕⑷を参照してください。

⑷　**工程能力図**は，ヒストグラムと同様，**工程の異常の有無についての判定はできない**です。

管理図表の種類としては，本試験で良く出題される**ヒストグラム，工程能力図，$\overline{X}-R$ 管理図**を優先に対策しておくと良いです。

解答　⑷

問題76

下記の図１～図４に示す，品質管理に用いるヒストグラムの見方に関する記述として次のうち，**適切でないもの**はどれか。

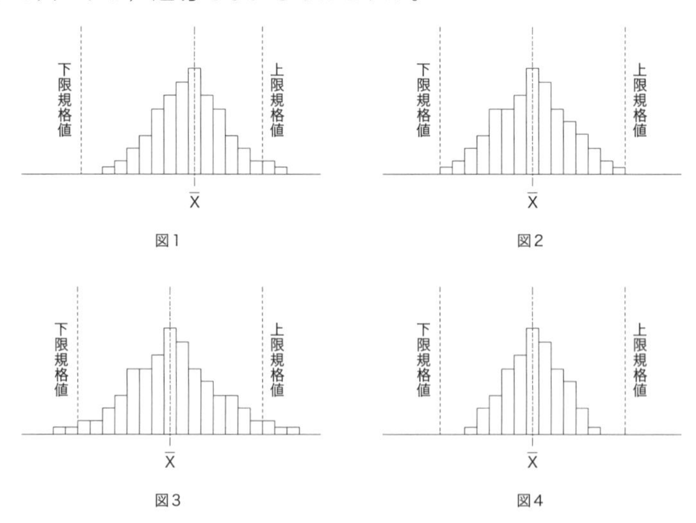

(1)　図１は，平均値が規格値内で，下限規格値との間にゆとりがあり品質に問題はない。
(2)　図２は，ばらつきが規格の上限値と下限値に一致しており，将来，少しの変動でも規格値を割るものがあり注意を要する。
(3)　図３は，ばらつきが，上限，下限とも規格値を外れており，ばらつきを小さくするために問題点を確認し根本的な対策が必要である。
(4)　図４は，ばらつきもよく，規格値に対するゆとりがあり，また平均値が規格値の中央にあり良好な品質である。

解説

２．ヒストグラムの見方（P126）を参照してください。
(1)　平均値が規格値内ですが，**上限規格値を割る**データがあり，**平均値を小さい方にずらす**等の処置が必要です。
(2)　ばらつきが規格の上限値と下限値に一致しており，将来，**少しの変動でも規格値を割る恐れがある**ので注意を要します。
(3)　ばらつきが，上限，下限とも規格値を割っており，**ばらつきを小さくするために問題点を確認し，根本的な対策が必要**です。
(4)　規格値も，ばらつきもよく，**規格値に対するゆとりがある**とともに，**平均値**が規格値の**中央**にあるので**良好な品質**といえます。

解答　(1)

問題77

品質管理に用いられるヒストグラムを示した次図のA～Cに当てはまる用語の組合せとして次のうち，**適切なもの**はどれか。

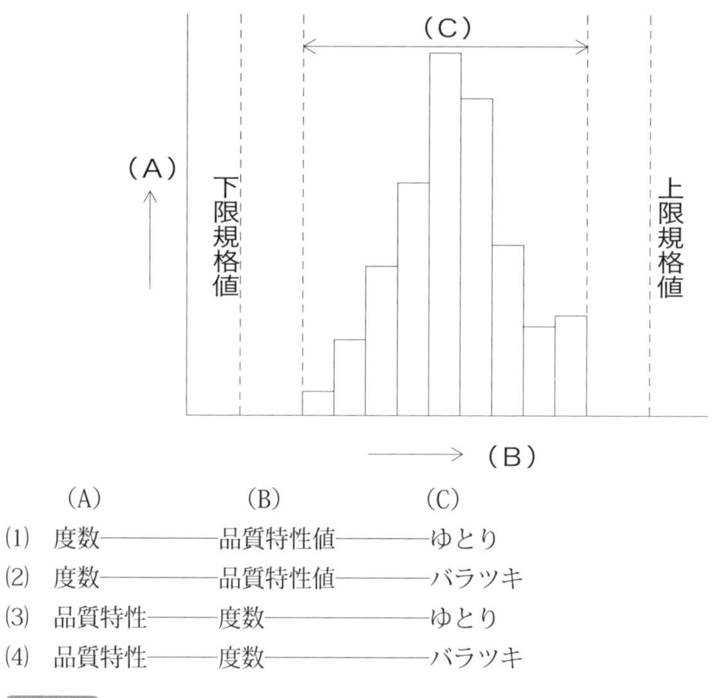

	（A）	（B）	（C）
⑴	度数	品質特性値	ゆとり
⑵	度数	品質特性値	バラツキ
⑶	品質特性	度数	ゆとり
⑷	品質特性	度数	バラツキ

解説

2．ヒストグラムの見方，ヒストグラム①（P126）を参照してください。

（A）**度数**，（B）**品質特性値**，（C）**バラツキ**であり，選択肢番号⑵が適切なものです。

解答　⑵

品質管理に用いられるヒストグラムの事例を示した次図の説明として次の記述のうち，**適切なもの**はどれか。

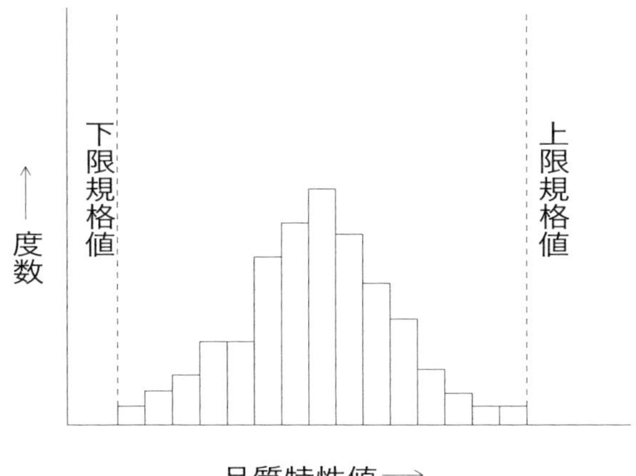

⑴　バラツキもよく，規格値に対してゆとりがあり，平均値も規格値の中央にあり良好な品質である。

⑵　ヒストグラムの形に特徴がなく，品質のバラツキの傾向を把握することが困難である。

⑶　規格値すれすれのものがあり，今後少しの変動でも規格値を割る可能性が考えられるので注意が必要である。

⑷　正規分布状態になっておらず他の母集団のデータが含まれている可能性があるため，全部のデータを調べ直す必要がある。

解説

2．ヒストグラムの見方，ヒストグラム②（P126）を参照してください。

規格値すれすれのものがあり，将来，少しの変動でも**規格値を割る恐れが考えられる**ので注意が必要です。したがって，選択肢番号⑶が適切なものです。

解答　⑶

問題79

品質管理に用いられるヒストグラムに関する次の記述のうち，**適切でないもの**はどれか。

⑴　データが，規格の中にどのような割合で入っているか，規格値に対してどの程度ゆとりがあるかを判定できる。

⑵　データの分布状態がひと目でわかる利点があるが，時間的変動の情報は把握できない。

⑶　度数分布の山が左右二つに分かれる形状の場合は，工程に異常が起きていると考えられる。

⑷　横軸に測定値を，縦軸にデータの度数をとった折れ線グラフで表現される。

解　説

2．ヒストグラムの見方（P126）を参照してください。

⑴　データが，規格の中にどのような**割合**で入っているか，規格値に対してどの程度**ゆとり**があるかなど，**測定値のばらつきを把握**することができます。

ヒストグラムの**特徴**や**見方**については，よく出題されるので確認しておきましょう。

⑵　問題74 の 解 説 ⑷を参照してください。

⑶　**2．ヒストグラムの見方，ヒストグラム⑤**（P127）を参照してください。

⑷　ヒストグラムは，横軸に**品質特性値**を，縦軸に**度数**をとった**棒グラフ**で表現されます。

解答　⑷

品質管理に用いられるヒストグラムに関する次の記述のうち，**適切でないもの**はどれか。

(1) 品質の分布を表すのに使用され，規格値を記入することで，合否の割合や規格値に対する余裕の程度が判定できる。

(2) 品質のデータの分布状態がひと目でわかるとともに，時間的変動の情報を把握できる利点がある。

(3) 規格の中心値をグラフの中央にして，左右に離れるほど度数が減少する形となることが多い。

(4) データの存在する範囲をいくつかの区間に分け，それぞれの区間に入るデータの数を度数として高さで表す。

解 説

2．ヒストグラムの見方（P126）を参照してください。

(1) **問題79** の 解 説 (1)を参照してください。

(2) **問題79** の 解 説 (2)を参照してください。

品質のデータの分布状態がひと目でわかる利点はあるが，**時間的変動の情報を把握できない**です。

(3) ヒストグラムは，規格の中心線を中央にして，**左右に離れるほど，度数が減少**する形になります。

(4) **問題74** の 解 説 (1)を参照してください。

解答 (2)

品質管理に関する次の①～③の記述において A～C に当てはまる語句の組合せとして次のうち，**適切なもの**はどれか。

ヒストグラムは，測定値のバラツキ状態を知るための統計的手法で，(A) の値が規格値を満たしているかを判断するもので，次の①～③を判断の基準とする。

① 上限規格値と下限規格値に十分 (B) を持って納まっているか。

② 上限規格値と下限規格値のほぼ (C) に平均値があるか。

③ ヒストグラムの形に異常がないか。

	(A)	(B)	(C)
(1)	品質標準	バラツキ	下限側
(2)	品質標準	ゆとり	中央
(3)	品質特性	バラツキ	下限側
(4)	品質特性	ゆとり	中央

解 説

2．ヒストグラムの見方（P126）を参照してください。

ヒストグラムは，測定値のバラツキ状態を知るための統計的手法で，**品質特性の値**が規格値を満たしているかを判断するもので，次の①～③を**判断の基準**とする。

① 上限規格値と下限規格値に十分**ゆとり**を**持って納まっている**か。

② 上限規格値と下限規格値のほぼ**中央**に平均値があるか。

③ ヒストグラムの形に**異常がない**か。

解答 (4)

問題82

品質管理において利用されるヒストグラムの説明として次の記述のうち，**適切でないもの**はどれか。

(1) 測定値のばらつき状態を知るために用いられる。

(2) グラフの形状が柱状であることから，柱状図（度数分布図）ともいわれる。

(3) 個々の測定値の時間的変化の情報を得ることができる。

(4) 規格の中心値をグラフの中央にして，左右に離れるほど度数が減少する形となることが多い。

解 説

(1) 問題74 の 解 説 (1)を参照してください。

(2) ヒストグラムは，**柱状グラフ**，**柱状図**，**度数分布図**などとも呼ばれています。

(3) 問題74 の 解 説 (4)を参照してください。

ヒストグラムは，個々の測定値の**時間的変化の情報を得ることができない**です。

(4) 問題80 の 解 説 (3)を参照してください。

解答 (3)

第2章

環境保全・その他

2－1　環境保全

9 騒音・振動対策，その他

要点の整理と理解

1．建設機械使用時の騒音・振動対策

建設機械使用時の一般的な留意事項

項目	留意事項
建設機械の選定	・建設機械の動力源を，騒音の大きい内燃機関（エンジン）から騒音の発生が小さい電動機（モーター）に変更する。 ・工事用電源は，発動発電機から，音の発生がない商用電源に変更する。 ・建設機械の走行装置を鉄クローラから，騒音の発生の少ないゴムクローラやホイール式（タイヤ式）に変更する。 ・大型の建設機械を導入し，軽負荷の状態で作業する。 ・最新の超低騒音・低振動型の建設機械を選定する。
建設機械の運転操作	・建設機械の高速運転は避ける。 ・作業待ち時間は，建設機械のエンジンを停止する。 ・建設機械の操作は，滑らかに操作し騒音の発生を抑える。 ・走行路は，騒音や振動が発生しないように平坦に整備する。 ・油圧シリンダーのストロークエンドまで作動しない。
施工上の対策	・低騒音・低振動の工法を採用する。 ・作業時間帯，作業工程を適切に設定し，住宅地や学校・病院などへの影響範囲を小さくする。 ・騒音・振動源となる建設機械は，敷地境界線から離すなど，配置について考慮する。 ・遮音施設等の設置を行う。 ・クローラ式の建設機械では，クローラの張りを調整し，無用な摩擦音などを低減する。

2. 各種作業における騒音・振動対策

各種作業における主な騒音・振動対策

作業	騒音・振動対策等
掘削，積込み作業	・掘削，積込み作業にあたっては，低騒音型建設機械の使用を原則とする。 ・掘削はできる限り衝撃力による施工を避け，無理な負荷をかけないようにし，不必要な高速運転やむだな空ぶかしを避けて，ていねいに運転しなければならない。 ・掘削積込機から直接トラック等に積込む場合，不必要な騒音，振動の発生を避けて，ていねいに行わなければならない。ホッパーにとりだめして積込む場合も同様とする。 ・土工板やバケットなどの土のふるい落としでは，衝撃的操作による騒音をできるだけ避ける。
ブルドーザ作業	・ブルドーザを用いて掘削押し土を行う場合，無理な負荷をかけないようにし，後進時の高速走行を避けて，ていねいに運転しなければならない。 ・ブルドーザを掘削運搬作業に使用する場合は，負荷が一定であれば，速度が速くなるほど騒音が大きくなる。
締固め作業	・締固め作業にあたっては，低騒音型建設機械の使用を原則とする。 ・振動，衝撃力によって締固めを行う場合，建設機械の機種の選定，作業時間帯の設定等について十分留意しなければならない。 ・振動ローラやタンパを使用する場合は，作業時間帯の設定について十分留意し，できるだけ地域住民の生活に影響の少ない時間帯とする。

作業	騒音・振動対策等
鋼矢板土留工法	・鋼矢板，鋼ぐいを施工する場合には，油圧式圧入引抜き工法，多滑車式引抜き工法，アースオーガによる掘削併用圧入工法，油圧式超高周波くい打工法，ウォータジェット工法等を原則とし，次の騒音，振動対策を検討しなければならない。 ⑴作業時間帯 ⑵低騒音型建設機械の使用
コンクリート工	・コンクリートプラントの設置にあたっては，周辺地域への騒音，振動の影響が小さい場所を選び，十分な設置面積を確保するものとする。なお，必要に応じ防音対策を講じるものとする。 ・コンクリートプラント場内で稼働，出入りする関連機械の騒音，振動対策について配慮する必要がある。 ・コンクリートの打設時には，工事現場内及び付近におけるトラックミキサの待機場所等について配慮し，また不必要な空ぶかしをしないように留意しなければならない。 ・コンクリートポンプ車でコンクリート打設を行う場合には，設置場所に留意するとともにコンクリート圧送パイプを常に整備しておく。また，不必要な空ぶかしなどをしないように留意しなければならない。
空気圧縮機・発動発電機等	・電気を動力とする機械は，可能な限り音が発生しない商用電源の使用を基本とする。 ・可搬式のものは，低騒音型建設機械の使用を原則とする。 ・定置式のものは，騒音，振動対策を講じることを原則とする。 ・排水ポンプの使用にあたっては，騒音の防止に留意しなければならない。 ・空気圧縮機，発動発電機，排水ポンプ等は，工事現場の周辺の環境を考慮して，騒音，振動の影響の少ない箇所に設置しなければならない。

騒音・振動の５つの対策

①重機の操作を慎重に行う。
②建設機械の動きを最小限にする。
③場内での大型車両の運転は最徐行とする。
④建設機械のアタッチメントを工夫する。
⑤防音シートや防音材を活用する

3．特定建設作業騒音の規制基準

特定建設作業に伴って発生する騒音の規制に関する基準

	項目	規制内容
1	騒音の大きさの制限	特定建設作業の場所の敷地の境界線において，85dBを超える大きさのものでないこと。
2	夜間，深夜作業の禁止	第1号区域：午後7時から翌日の午前7時までの時間内 第2号区域：午後10時から翌日の午前6時までの時間内において行われる特定建設作業に伴って発生するものでないこと。
3	作業時間の制限	第1号区域：1日10時間， 第2号区域：1日14時間を超えて行われる特定建設作業に伴って発生するものでないこと。
4	作業期間の制限	特定建設作業の場所において連続して6日を超えて行われる特定建設作業に伴って発生するものでないこと。
5	日曜，その他の休日の作業禁止	特定建設作業の騒音が，日曜日その他の休日に行われる特定建設作業に伴って発生するものでないこと。

試験によく出る問題

建設工事現場における騒音・振動対策に関する次の記述のうち，**適切でないもの**はどれか。

(1) ブルドーザを掘削運搬作業に使用する場合は，負荷が一定であれば，速度が速くなるほど騒音が大きくなる。

(2) 電気を動力とする機械は，可能な限り発動発電機の使用を基本に検討する。

(3) 振動ローラやタンパを使用する場合は，作業時間帯の設定について十分留意する。

(4) バックホウを掘削に使用する場合は，衝撃力による施工を避け，無理な負荷をかけない。

解説

2．各種作業における騒音・振動対策（P139）を参照してください。

⑴　ブルドーザを掘削運搬作業に使用する場合，負荷が一定であれば，**速度が速く**なるほど**騒音が大きく**なります。特に，後進時の高速走行を避け，ていねいに運転することで騒音・振動の発生を抑えます。

⑵　電気を動力とする機械は，可能な限り音が発生しない**商用電源（電力会社から供給される一般の電力）の使用**を検討します。

⑶　振動ローラやタンパを使用する場合は，**作業時間帯の設定**について十分留意し，**できるだけ地域住民の生活に影響の少ない時間帯**とします。

⑷　バックホウを掘削に使用する場合，掘削はできる限り**衝撃力による施工を避け**，**無理な負荷をかけない**ようにし，不必要な高速運転やむだな空ぶかしを避けて，ていねいに運転します。

解答　⑵

問題２ 

建設工事現場における騒音・振動対策に関する次の記述のうち，**適切なもの**はどれか。

⑴　工事の作業時間は，できるだけ地域住民の生活に影響の少ない時間帯とする。

⑵　ブルドーザによる掘削運搬作業における騒音は，速度が遅くなるほど大きくなる。

(3) 電気を動力とする設備は，可能な限り発動発電機の使用を基本に検討する。
(4) 鋼矢板の打込み，引抜きのバイブロハンマ工法は，騒音・振動低減に有効な工法のひとつである。

解 説

2．各種作業における騒音・振動対策（P139）を参照してください。

(1) **問題1** の 解 説 (3)を参照してください。
作業時間帯の設定について十分留意し，工事の作業時間は，できるだけ**地域住民の生活に影響の少ない時間帯**とします。

(2) **問題1** の 解 説 (1)を参照してください。
ブルドーザによる掘削運搬作業における**騒音**は，**速度が遅く**なるほど**小さく**なります。

(3) **問題1** の 解 説 (2)を参照してください。
電気を動力とする設備は，可能な限り**商用電源の使用**を基本に検討します。

(4) 鋼矢板の打込み，引抜きの**バイブロハンマ工法**は，騒音・振動低減に有効な工法として適切ではないです。**油圧式圧入引抜き工法**，**多滑車式引抜き工法**などが適切です。

解答 (1)

建設工事現場における騒音・振動対策に関する次の記述のうち，**適切でないもの**はどれか。

(1) 建設機械の作業待ちの時には，建設機械のエンジンをできる限り止めるなど騒音，振動を発生させないようにする。
(2) バックホウなどによる掘削は，衝撃力による施工を避け，無理な負荷をかけない。
(3) 騒音・振動対策を講じた定置式の空気圧縮機や発動発電機は，人家等に近接した場所に設置し，夜間は稼働させない。
(4) 振動力，衝撃力によって締め固めるローラを使用する場合は，種類の選定，作業時間帯の設定などについて十分留意する。

解 説

2．各種作業における騒音・振動対策（P139）を参照してください。

(1)　**1．建設機械使用時の騒音・振動対策，「建設機械の運転操作」**を参照してください。

建設機械の作業待ち時間は，建設機械のエンジンをできる限り止めるなど，騒音や振動を発生させないようにします。

(2)　**問題1** の 解 説 (4)を参照してください。

(3)　定置式の**空気圧縮機，発動発電機，排水ポンプ等**は，工事現場の周辺の環境を考慮して，**人家等から離すなど，騒音や振動の影響の少ない箇所に設置**し，夜間の稼働は停止します。

(4)　ローラなど使用して**振動，衝撃力によって締固め**を行う場合，建設機械の**機種の選定，作業時間帯の設定**等について十分留意しなければならないです。

解答　(3)

問題4 出る 出る 出る

建設工事現場における騒音・振動対策に関する次の記述のうち，**適切でないもの**はどれか。

(1)　コンクリートポンプ車でコンクリートを打設する場合，設置場所に注意するとともに圧送パイプを常に整備しておく。

(2)　クローラ式の建設機械では，クローラの張りを調整し，無用な摩擦音などを低減する。

(3)　バックホウで硬い地盤を掘削する場合，バケットの落下する力を利用し，エンジン出力を下げることで騒音を低減する。

(4)　土工板やバケットなどの土のふるい落としでは，衝撃的操作による騒音をできるだけ避ける。

解 説

2．各種作業における騒音・振動対策（P139）を参照してください。

(1)　コンクリート**ポンプ車でコンクリートを打設**する場合には，**設置場所に注意する**とともに**圧送パイプを常に整備**しておきます。また，**不必要な空ぶかしなどをしない**ように留意します。

(2)　クローラ式の建設機械では，クローラの張力によって走行騒音が2～5 dB変わります。**クローラの張りを調整**し，無用な摩擦音などを低減することが騒音・振動対策に繋がります。

(3)　**問題1** の 解 説 (4)を参照してください。

バックホウで**硬い地盤を掘削**する場合は，できる限り**衝撃力による施工を避け，無理な負荷をかけない**ようにし，ていねいに運転することで，エンジン出力を下げて騒音を低減します。

(4) 土工板やバケットなどの土のふるい落としでは，**衝撃的操作による騒音をできるだけ避ける**ことで騒音を低減します。

解答 (3)

問題5 出る 出る

建設工事現場における騒音・振動対策に関する次の記述のうち，**適切でないもの**はどれか。

(1) 建設機械は，できるだけ水平に据付け，片荷重によるきしみ音を出さないようにする。

(2) コンクリート構造物の取りこわし作業では，必要に応じ防音シート，防音パネルなどの設置を検討する。

(3) バックホウによる土砂の積込み作業でバケットに付着した土砂は，ふるい落としの操作により積み込む。

(4) 路面の覆工板の取付けにあたっては，段差や通行車両によるがたつき，はね上がりなどによる騒音や振動の防止に留意する。

解 説

(1) 建設機械を設置する場合は，できるだけ**水平に据付け**，片荷重による**きしみ音を発生させない**ようにします。

(2) コンクリート**構造物をとりこわす作業現場**は，騒音対策，安全対策を考慮して必要に応じ**防音シート，防音パネル等の設置**を検討します。

(3) **問題4** の 解 説 (4)を参照してください。

バックホウによる土砂の積込み作業を行う場合，バケットに付着した**土砂のふるい落とし**などの不必要な騒音，振動の発生を避けて，ていねいに行います。

(4) **覆工板の取り付け**にあたっては，**段差**，通行車両による**がたつき**，はね上がり等による騒音，振動の防止に留意します。

解答 (3)

問題6 出る 出る

騒音規制法により，「良好な住居の環境を保全するため，特に静穏の保持を必要とする区域」に指定されている区域内での，特定建設作業に伴う騒音に関する次の記述のうち，**適切でないもの**はどれか。

⑴　特定建設作業の場所の敷地の境界線において 85dB を超える大きさでないこと。

⑵　特定建設作業の場所において連続して６日を超えて行われる特定建設作業に伴って発生するものでないこと。

⑶　１日 10 時間を超えて行われる特定建設作業に伴って発生するものでないこと。

⑷　午後 10 時から翌日午前６時までの時間内において行われる特定建設作業に伴って発生するものでないこと。

解説

騒音規制法において，「良好な住居の環境を保全するため，特に静穏の保持を必要とする区域」は**第１号区域に該当**します。

３．特定建設作業騒音の規制基準（P141）を参照してください。

⑴　特定建設作業の場所の敷地の境界線において，**85dB（デシベル）を超える大きさのものでない**ことが定められています。。

⑵　特定建設作業の場所において**連続して６日を超えて行われるものでない**ことが定められています。

⑶　**第１号区域**では，特定建設作業が**１日 10 時間を超えて行われない**ことが定められています。

⑷　**第１号区域**では，特定建設作業が**午後７時から翌日午前７時まで**の時間内に**行われない**ことが定められています。

解答　⑷

問題7

騒音・振動が伴う建設工事に関する次の記述のうち，**適切でないもの**はどれか。

(1) 遮音壁は，高くて設置延長が長いほど回折音を低減させる効果がある。
(2) 建設工事に伴う地盤振動は，施工方法や建設機械の種類によって大きく異なることから，発生振動レベル値の小さい機械や工法を選定する。
(3) 工事の進行で施工箇所が移動しても，施工時調査における騒音・振動の測定点は位置を変えてはならない。
(4) 建設機械の運転操作や走行速度によって振動の発生量が異なるため，衝撃的な操作や不必要な走行は避ける。

解説

(1) 騒音の防止対策として遮音壁により行うことがあります。**音は壁の上端を回折して伝搬する**ため，音源を完全に密閉することはできませんが，**遮音壁を高くして，設置長さを長くする**ほど**回折音を低減**させる効果があります。

単に遮音壁は大きい方が効果的ということです。

(2) 建設工事に伴う地盤振動は，建設機械の種類や施工方法によって大きく異なるので，**振動発生の小さい機械や工法**を積極的に採用します。
(3) 工事の進行で**施工箇所が移動した場合**は，施工時調査において，騒音・振動の**測定点の位置を変える**必要があります。
(4) 建設機械の運転操作や走行速度は，振動の発生量に大きく影響するため，**衝撃的な操作や不必要な走行は避ける**必要があります。

解答 (3)

2-1 環境保全

問題8

建設工事における周辺地域の環境保全に関する次の記述のうち，**適切でないもの**はどれか。

(1) 工事に伴う騒音・振動対策は，工事実施後に地域住民から苦情が寄せられた場合に検討を行う。

(2) 工事に関連する自動車の警報音や合図音については，必要最小限にとどめるように運転手への指導を徹底する。

(3) 施工にあたっては，あらかじめ付近の居住者に工事概要を周知し，協力を求めるとともに，付近の居住者の意向を十分に配慮する必要がある。

(4) 工事の作業時間は，できるだけ地域住民の生活に影響の少ない時間帯とする。

解 説

(1) 工事に伴う騒音・振動対策は，**工事着工前に**地域住民に工事内容とともに，その**了承を得る**ことが大切です。また，工事中は定期的に工事予定や工事の状況を説明し，苦情・要求が発生した場合は速やかに対応します。

騒音は，一度気になると，
ずっと気になります。

(2) 工事に関連する自動車の**警報音や合図音**については，**必要最小限にとどめる**ように運転手への指導を徹底するとともに，**不必要な騒音，振動を発生させない**ようにします。

(3) 建設工事の実施にあたっては，必要に応じ工事の目的，内容等について**事前に**地域住民に対して**説明を行い，**工事の実施に**協力を求める**とともに，付近の居住者の**意向を十分に配慮**します。

(4) 問題1 の 解 説 (3)を参照してください。

解答 (1)

建設工事現場における環境保全に関する次の記述のうち，**適切でないもの**はどれか。

(1)　掘削は，できる限り衝撃力による施工を避け，無理な負荷をかけないようにし，不必要な高速運転や無駄な空ぶかしを避ける。

(2)　土運搬による土砂飛散防止については，荷台のシート掛けの励行(れいこう)，現場から公道に出る位置へのタイヤの洗浄装置の設置等を検討する。

(3)　ブレーカによりコンクリート構造物を取壊す場合は，騒音対策を考慮し，必要に応じて作業現場の周囲にメッシュシートを設置するのがよい。

(4)　舗装版取壊し作業にあたっては，破砕時の騒音や振動の小さい油圧ジャッキ式舗装版破砕機，低騒音型のバックホウの使用を原則とする。

解　説

(1)　**問題1** の 解 説 (4)を参照してください。

(2)　土運搬による土砂飛散防止については，運搬車両の荷台を**シートで覆うなど粉塵の飛散防止**に努めます。また，土砂搬出する際は，車両出入口にて**タイヤ洗浄**を行い，現場から場外への土砂流出防止に努めます。

(3)　ブレーカによりコンクリート構造物を取壊す場合は，騒音対策，安全対策を考慮して必要に応じ**防音シート，防音パネル**等の設置を検討します。**メッシュシート**は効果的でないです。

(4)　舗装版取壊し作業にあたっては，破砕時の騒音や振動の小さい**油圧ジャッキ式**舗装版破砕機，**低騒音型のバックホウ**の使用を原則とします。また，コンクリートカッタ，ブレーカ等についても，できる限り**低騒音の建設機械**の使用に努めます。

解答　(3)

2-1 環境保全

問題10

「建設業に係る特定特殊自動車排出ガスの排出の抑制を図るための指針」による特定特殊自動車を使用する者が講ずる措置として次のうち，**適切でないもの**はどれか。

(1)　1年を超えて使用しない場合を除き，1年以内ごとに1回の適正な定期検査を行うこと。

(2)　レンタル等の業者からの貸与機械を含め，使用時の状態から判断した適切な時期に，日常点検を行うこと。

(3)　定期検査を実施する者に，定期検査に関する教育や講習などを行うか，これを受ける機会を与えるよう努めること。

(4)　定期検査を行ったときは，検査年月日や検査結果などの必要な項目を記録し，次の定期検査まで保存すること。

解説

(1)　**1年を超えて使用しない場合を除き**，特定特殊自動車は，**1年以内ごとに1回，定期的に検査を行う**必要があります。

(2)　特定特殊自動車を使用する者は，レンタル業者から当該特定特殊自動車の**貸与を受けて使用する場合を含め**，使用時の状態から判断した**適切な時期に点検を行う**ことが定められています。

(3)　事業活動に伴う特定特殊自動車排出ガスの排出の抑制を図るため，**定期検査を実施する者に対し**，定期検査に関する教育・講習等を行い，又はこれらを受ける**機会を与えるよう努めること**とされています。

(4)　定期検査を行ったときは、次に掲げる事項を記録し、**これを3年間保存すること**とされています。

解答　(4)

10 建設副産物対策

要点の整理と理解

1. 工事現場における建設廃棄物の分別

建設廃棄物の分別

分別の目的	
・排出事業者は，現場内で再生利用するもの，中間処理施設に搬入するもの，最終処分場に搬入するもの等それぞれの処理・再生利用に応じた分別を行わなければならない。この場合，搬入する施設の許可品目に応じた分別を行わなければならない。 ・安定型最終処分場の環境汚染が生じないようにするために，安定型産業廃棄物にそれ以外の廃棄物が付着混入しないように分別を徹底しなければならない。	
分別の基本	
再生可能品目の分別	金属くず，木くず，ダンボール，アスファルト・コンクリート破片，コンクリート破片，ロックウール化粧吸音板，ロックウール吸音・断熱・保温材，ALC 板，石膏ボード等は再生可能品目である。再資源化を促進するため，このような再生可能品目の分別を徹底する。
一般廃棄物の分別	現場作業員の生活系廃棄物（生ごみ，新聞，雑誌等）は，直接工事から排出される廃棄物と分別する。
安定型産業廃棄物とそれ以外の廃棄物の分別	建設工事に伴って生じた安定型産業廃棄物については，それ以外の廃棄物が混合しないように分別を徹底することで，埋立てまでの間に安定型最終処分場で適切に処分することができる。
中間処理に適合した品目の分別	破砕・焼却等の中間処理を行う場合，それぞれの許可に適合した品目に分別しなければならない。
その他の分別	ボンベ等の危険物や有機溶剤等は他の廃棄物と区分し，取扱いには十分注意する。

分別の実施	
分別計画	・排出事業者は，あらかじめ，分別計画を作成するとともに，下請負人や処理業者に対し分別方法の周知徹底を図る。 ・処理施設の受入条件を十分検討し，条件に応じた分別計画を立てる。 ・工事の進捗によって排出される廃棄物の種類が違うので，工程に見合った分別計画を立てる。 ・敷地条件により，廃棄物の集積場を設置するかどうか，集積場までの運搬はどうするか，具体的に計画を立てる。
分別表示	・廃棄物集積場や分別容器に廃棄物の種類を表示し，現場の作業員が間違わずに分別できるようにする。
分別容器	・分別品目ごとに容器（小型ボックス，コンテナー等）を設け，分別表示板を取り付ける。 ・運搬時点では分別したものが混合しないよう注意し，運搬する。

2．建設副産物適正処理推進要綱

建設副産物適正処理推進要綱

建設副産物適正処理推進要綱	概　要
第 16 （搬出の抑制及び工事間の利用の促進）	(1)　搬出の抑制 発注者，元請業者及び自主施工者は，建設工事の施工に当たり，適切な工法の選択等により，建設発生土の発生の抑制に努めるとともに，その現場内利用の促進等により搬出の抑制に努めなければならない。 (2)　工事間の利用の促進 発注者，元請業者及び自主施工者は，建設発生土の土質確認を行うとともに，建設発生土を必要とする他の工事現場との情報交換システム等を活用した連絡調整，ストックヤードの確保，再資源化施設の活用，必要に応じて土質改良を行うこと等により，工事間の利用の促進に努めなければならない。

建設副産物適正処理推進要綱	概　要
第 21（排出の抑制）	発注者，元請業者及び下請負人は，建設工事の施工に当たっては，資材納入業者の協力を得て建設廃棄物の発生の抑制を行うとともに，現場内での再使用，再資源化及び再資源化したものの利用並びに縮減を図り，工事現場からの建設廃棄物の排出の抑制に努めなければならない。 自主施工者は，建設工事の施工に当たっては，資材納入業者の協力を得て建設廃棄物の発生の抑制を行うよう努めるとともに，現場内での再使用を図り，建設廃棄物の排出の抑制に努めなければならない。
第 22（処理の委託）	元請業者は，建設廃棄物を自らの責任において適正に処理しなければならない。処理を委託する場合には，次の事項に留意し，適正に委託しなければならない。 (1) 廃棄物処理法に規定する委託基準を遵守すること。 (2) 運搬については産業廃棄物収集運搬業者等と，処分については産業廃棄物処分業者等と，それぞれ個別に直接契約すること。 (3) 建設廃棄物の排出に当たっては、産業廃棄物管理票(マニフェスト）を交付し，最終処分（再生を含む。）が完了したことを確認すること。
第 23（運搬）	元請業者は，次の事項に留意し，建設廃棄物を運搬しなければならない。 (1) 廃棄物処理法に規定する処理基準を遵守すること。 (2) 運搬経路の適切な設定並びに車両及び積載量等の適切な管理により，騒音，振動，塵埃等の防止に努めるとともに，安全な運搬に必要な措置を講じること。 (3) 運搬途中において積替えを行う場合は，関係者等と打合せを行い，環境保全に留意すること。 (4) 混合廃棄物の積替保管に当たっては，手選別等により廃棄物の性状を変えないこと。

建設副産物適正処理推進要綱	概　要
第 24 （再資源化等の実施）	(1)　対象建設工事の元請業者は，分別解体等に伴って生じた特定建設資材廃棄物について，再資源化を行わなければならない。また，対象建設工事で生じたその他の建設廃棄物，対象建設工事以外の工事で生じた建設廃棄物についても，元請業者は，可能な限り再資源化に努めなければならない。 (2)　元請業者は，現場において分別できなかった混合廃棄物については，再資源化等の推進及び適正な処理の実施のため，選別設備を有する中間処理施設の活用に努めなければならない。
第 25 （最終処分）	元請業者は，建設廃棄物を最終処分する場合には，その種類に応じて，廃棄物処理法を遵守し，適正に埋立て処分しなければならない。

3．建設工事に係る資材の再資源化等に関する法律（建設リサイクル法）

建設工事に係る資材の再資源化等に関する法律（建設リサイクル法）

建設リサイクル法	項	概　要
第２条 （定義）	５．	この法律において「特定建設資材」とは，コンクリート，木材その他建設資材のうち，建設資材廃棄物となった場合におけるその再資源化が資源の有効な利用及び廃棄物の減量を図る上で特に必要であり，かつ，その再資源化が経済性の面において制約が著しくないと認められるものとして政令で定めるものをいう。

建設工事に係る資材の再資源化等に関する法律（建設リサイクル法）施行令

同法施行令	項	概　要
第１条 （特定建設資材）	１．	建設工事に係る資材の再資源化等に関する法律第２条第５項のコンクリート，木材その他建設資材のうち政令で定めるものは，次に掲げる建設資材とする。 一．コンクリート 二．コンクリート及び鉄から成る建設資材 三．木材 四．アスファルト・コンクリート

4. 資源の有効な利用の促進に関する法律（リサイクル法）

資源の有効な利用の促進に関する法律（リサイクル法）

リサイクル法	項	概　要
第１条 （目的）	1．	この法律は，主要な資源の大部分を輸入に依存している我が国において，近年の国民経済の発展に伴い，資源が大量に使用されていることにより，使用済物品等及び副産物が大量に発生し，その相当部分が廃棄されており，かつ，再生資源及び再生部品の相当部分が利用されずに廃棄されている状況にかんがみ，資源の有効な利用の確保を図るとともに，廃棄物の発生の抑制及び環境の保全に資するため，使用済物品等及び副産物の発生の抑制並びに再生資源及び再生部品の利用の促進に関する所要の措置を講ずることとし，もって国民経済の健全な発展に寄与することを目的とする。
第2条 （定義）	2．	この法律において「副産物」とは，製品の製造，加工，修理若しくは販売，エネルギーの供給又は土木建築に関する工事（「建設工事」）に伴い副次的に得られた物品（放射性物質及びこれによって汚染された物を除く。）をいう。
	13.	この法律において「指定副産物」とは，エネルギーの供給又は建設工事に係る副産物であって，その全部又は一部を再生資源として利用することを促進することが当該再生資源の有効な利用を図る上で特に必要なものとして政令で定める業種ごとに政令で定めるものをいう。
第4条 （事業者等の責務）	2．	事業者又は建設工事の発注者は，その事業に係る製品が長期間使用されることを促進するよう努めるとともに，その事業に係る製品が一度使用され，若しくは使用されずに収集され，若しくは廃棄された後その全部若しくは一部を再生資源若しくは再生部品として利用することを促進し，又はその事業若しくはその建設工事に係る副産物の全部若しくは一部を再生資源として利用することを促進するよう努めなければならない。

資源の有効な利用の促進に関する法律（リサイクル法）施行令

リサイクル法施行令	項	概　要
第７条 （指定副産物）	１．	法第２条第 13 項の政令で定める業種ごとに政令で定める副産物は，別表第７の第一欄に掲げる業種ごとにそれぞれ同表の第二欄に掲げるとおりとする。

別表第７	
第一欄	第二欄
一．電気業	石炭灰
二．建設業	土砂，コンクリートの塊，アスファルト・コンクリートの塊又は木材

試験によく出る問題

「建設廃棄物処理指針（環境省通知）」に基づく工事現場における分別に関する次の記述のうち，**適切でないもの**はどれか。

⑴　廃棄物の集積場や分別容器に廃棄物の種類を表示する。

⑵　廃棄物の発生現場から集積場までの運搬方法を具体的に計画する。

⑶　工事の進捗により排出される廃棄物の種類が違うので，工程に見合った分別計画を立てる。

⑷　工事から排出される可燃物は，工事現場従事者からの生活系廃棄物と同一の容器に保管する。

解　説

１．工事現場における建設廃棄物の分別（P151）を参照してください。

⑴　廃棄物集積場や分別容器に**廃棄物の種類を表示**し，現場の作業員が間違わずに分別できるようにします。

⑵　敷地条件により，廃棄物の集積場を設置するかどうか，**集積場までの運搬**はどうするか，**具体的に計画**を立てます。

⑶　工事の進捗によって排出される廃棄物の種類が違うので，**工程に見合った分別計画**を立てます。

分別計画を中心に確認しておくとよいです。

(4) 建設現場，現場事務所等から排出される生ごみ，紙くず等の**生活系廃棄物**は**一般廃棄物**に該当するので，**直接工事から排出される廃棄物（産業廃棄物）**と**分別して保管**します。

解答 (4)

問題12  

「建設工事から生ずる廃棄物の適正処理について（環境省通知）」により，建設廃棄物の排出事業者が，再生利用等による減量化を含めた適正処理を図る場合，工事現場において努めなければならない分別に関する次の記述のうち，**適切でないもの**はどれか。

(1) 最終処分事業者は，分別計画を作成し，排出事業者や運搬収集業者に対し分別方法の周知徹底を図る。

(2) 一般廃棄物については，工事から排出されるものと工事現場従事者の生活系廃棄物は分別する。

(3) 廃棄物を搬入する施設の許可品目に応じた分別を行わなければならない。

(4) 分別品目ごとに容器を設け，分別表示板を取り付け，処理施設への運搬時には分別したものが混合しないように注意し運搬する。

解 説

1．工事現場における建設廃棄物の分別（P151）を参照してください。

(1) **排出事業者**は，あらかじめ，**分別計画を作成**するとともに，下請負人や処理業者に対し**分別方法の周知徹底**を図ります。

排出事業者は廃棄物を排出する者で，建設工事においては元請業者が該当します。

⑵ **問題11** の 解 説 ⑷を参照してください。

⑶ 廃棄物を搬入する施設の許可品目など，**処理施設の受入条件**を十分検討し，**条件に応じた分別計画**を立てます。

⑷ 分別品目ごとに容器（小型ボックス，コンテナー等）を設け，**分別表示板**を取り付けます。また，処理施設への運搬時点では**分別したものが混合しないよう**注意し，運搬します。

解答 ⑴

問題13 出る 出る 出る

「建設工事から生ずる廃棄物の適正処理について（環境省通知）」により，建設廃棄物の排出事業者が，再生利用等による減量化を含めた適正処理を図る場合，工事現場において努めなければならない分別に関する次の記述のうち，**適切でないもの**はどれか。

⑴ 廃棄物の集積場や分別容器に廃棄物の種類を表示し，作業員が間違わずに分別できるようにする。

⑵ 工事現場内に廃棄物の集積場を計画する場合は，集積場までの運搬方法について具体的に検討する。

⑶ 現場内で再生利用するもの，中間処理施設に搬入するもの，最終処分場に搬入するもの等のそれぞれの処理・再生利用に応じた分別を行わなければならない。

⑷ 一般廃棄物については，工事から排出されるものおよび工事現場従事者の生活系廃棄物は同一の容器に保管する。

解 説

1．工事現場における建設廃棄物の分別（P151）を参照してください。

⑴ 廃棄物集積場や分別容器に**廃棄物の種類を表示**し，現場の作業員が間違わずに分別できるようにします。

⑵ **問題11** の 解 説 ⑵を参照してください。

⑶ **排出事業者**は，**現場内で再生利用**するもの，**中間処理施設に搬入**するもの，**最終処分場に搬入**するもの等それぞれの処理・再生利用に応じた**分別を行う**必要があります。

⑷ **問題11** の 解 説 ⑷を参照してください。
生活系廃棄物は分別して保管します。

解答 ⑷

「建設副産物適正処理推進要綱（国土交通省）」に基づく建設副産物に関する次の記述のうち，**適切でないもの**はどれか。

⑴ 工法の選択や現場内での利用などにより，建設発生土の排出量や搬出量を抑制する。

⑵ 現場で利用しない建設発生土は，情報交換システムなどを活用して，他の工事現場での利用の促進に努める。

⑶ 現場内で再使用できない使用済み型枠などは，再資源化を検討する。

⑷ 元請業者は，建設廃棄物の処分を委託する産業廃棄物処分業者に，産業廃棄物の運搬契約も含めて委託できる。

解 説

2．建設副産物適正処理推進要綱（P152）を参照してください。

⑴ **第 21（排出の抑制）**を参照してください。
建設工事の施工に当たり，適切な工法の選択等により，**建設発生土の発生の抑制**に努めるとともに，その現場内利用の促進等により**搬出の抑制**に努める必要があります。

建設副産物には，廃棄するものと廃棄しないものがあります。

⑵ **第 21（排出の抑制）**を参照してください。
現場で利用しない建設発生土は，建設発生土を必要とする他の工事現場と

の**情報交換システム等を活用した連絡調整等**により，工事間の**利用の促進**に努めます。

⑶　**第24（再資源化等の実施）**を参照してください。

現場内で再使用できない使用済み型枠などは，可能な限り**再資源化を検討**します。

⑷　**第22（処理の委託）**を参照してください。

運搬については産業廃棄物**収集運搬業者**等と，処分については産業廃棄物**処分業者**等と，それぞれ**個別に直接契約**する必要があります。

解答　⑷

問題15

建設工事に係る資材の再資源化等に関する法律（建設リサイクル法）で定める「特定建設資材」の具体例として次のうち，**適切でないもの**はどれか。

⑴　セメント瓦
⑵　コンクリートの二次製品
⑶　木材の合板
⑷　アスファルト混合物

解説

3．建設工事に係る資材の再資源化等に関する法律（建設リサイクル法）（P154）を参照してください。

「特定建設資材」の具体例として適切でないものは，**選択肢⑴のセメント瓦**です。

解答　⑴

問題16

「資源の有効な利用の促進に関する法律(リサイクル法)」に関する次の記述のうち，**適切でないもの**はどれか。

⑴　リサイクル法は，資源の有効利用の確保，廃棄物の発生の抑制および環境の保全のためのものである。
⑵　建設工事における副産物とは建設工事に伴い副次的に得られた物品をいう。
⑶　建設工事に係る指定副産物とは，土砂(建設発生土)，コンクリートの塊，

アスファルト・コンクリートの塊の３つである。
(4) 建設工事事業者は，建設工事における指定副産物に係る再生資源の利用を促進するものとする。

解 説

４．資源の有効な利用の促進に関する法律（リサイクル法）（P155）を参照してください。

(1) **第１条（目的）**を参照してください。
リサイクル法は，**資源の有効な利用の確保**を図るとともに，**廃棄物の発生の抑制**及び**環境の保全**に資するためのものです。

(2) **第２条（定義）第２項**を参照してください。
建設工事における副産物とは，建設工事に伴い**副次的に得られた物品**をいいます。

(3) **第２条（定義）第13項**を参照してください。
建設工事に係る指定副産物とは，土砂（建設発生土），コンクリートの塊，アスファルト・コンクリートの塊，**木材**の**４つ**です。

特定建設資材と指定副産物

特定建設資材	指定副産物
・コンクリート ・コンクリート及び鉄から成る建設資材 ・木材 ・アスファルト・コンクリート	・土砂 ・コンクリートの塊 ・アスファルト・コンクリートの塊 ・木材

(4) **第４条（事業者等の責務）**を参照してください。
建設工事事業者は，建設工事における指定副産物に係る**再生資源の利用を促進する**ものとします。

解答 (3)

索　引

さ

し

す

せ

そ

た

ち

つ

て

著者のプロフィール

井岡（いおか）　和雄（かずお）

（1級建築士，1級建築施工管理技士，
2級福祉住環境コーディネーター）

1962年生まれ。
関西大学工学部建築学科卒業。
現在　井岡一級建築士事務所　代表

建設業界に興味があり，大学卒業後は施工の実践を学ぶためゼネコンに勤めます。現場監督を経て設計の仕事に携わり，その後，建築設計事務所を開設します。開設後の設計業務，大学での講師，及び執筆活動といった25年余りの経験を通じて，建設系教育への思いがいっそう大きく芽生えました。

現在，設計業務のプロとしてはもちろんのこと，建設系の資格取得のためのプロ講師としても活躍中です。少子・高齢化が急速に進展していく中で，建設業界へ進む若い人たちが少しでも多く活躍することを応援し続けています。

●法改正・正誤などの情報は，当社ウェブサイトで公開しております。
http://www.kobunsha.org/

●本書の内容に関して，万一ご不審な点や誤り，記載漏れなどお気付きの点がありましたら，郵送・FAX・Eメールのいずれかの方法で当社編集部宛に，書籍名・お名前・ご住所・お電話番号を明記し，お問い合わせください。なお，お電話によるお問い合わせはお受けしておりません。

郵送　〒546-0012　大阪府大阪市東住吉区中野 2-1-27
FAX　(06)6702-4732
Eメール　henshu2@kobunsha.org

4週間でマスター
2級建設機械施工管理　第二次検定　筆記試験

編　著　井岡和雄
印刷・製本　亜細亜印刷株式会社

発行所　株式会社 弘文社　〒546-0012 大阪市東住吉区中野2丁目1番27号
☎ (06) 6797－7441
FAX (06) 6702－4732
振替口座 00940－2－43630
東住吉郵便局私書箱1号

代表者　岡﨑　靖

ご注意
(1) 本書の内容に関して適用した結果の影響については，上項にかかわらず責任を負いかねる場合がありますので予めご了承ください。
(2) 落丁本・乱丁本はお取替えいたします。